深海の生きもの写真館

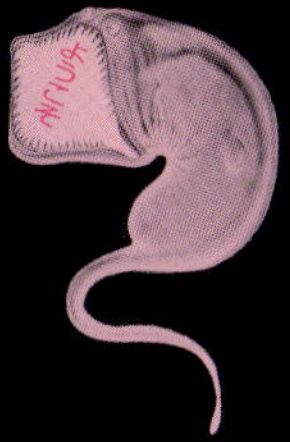

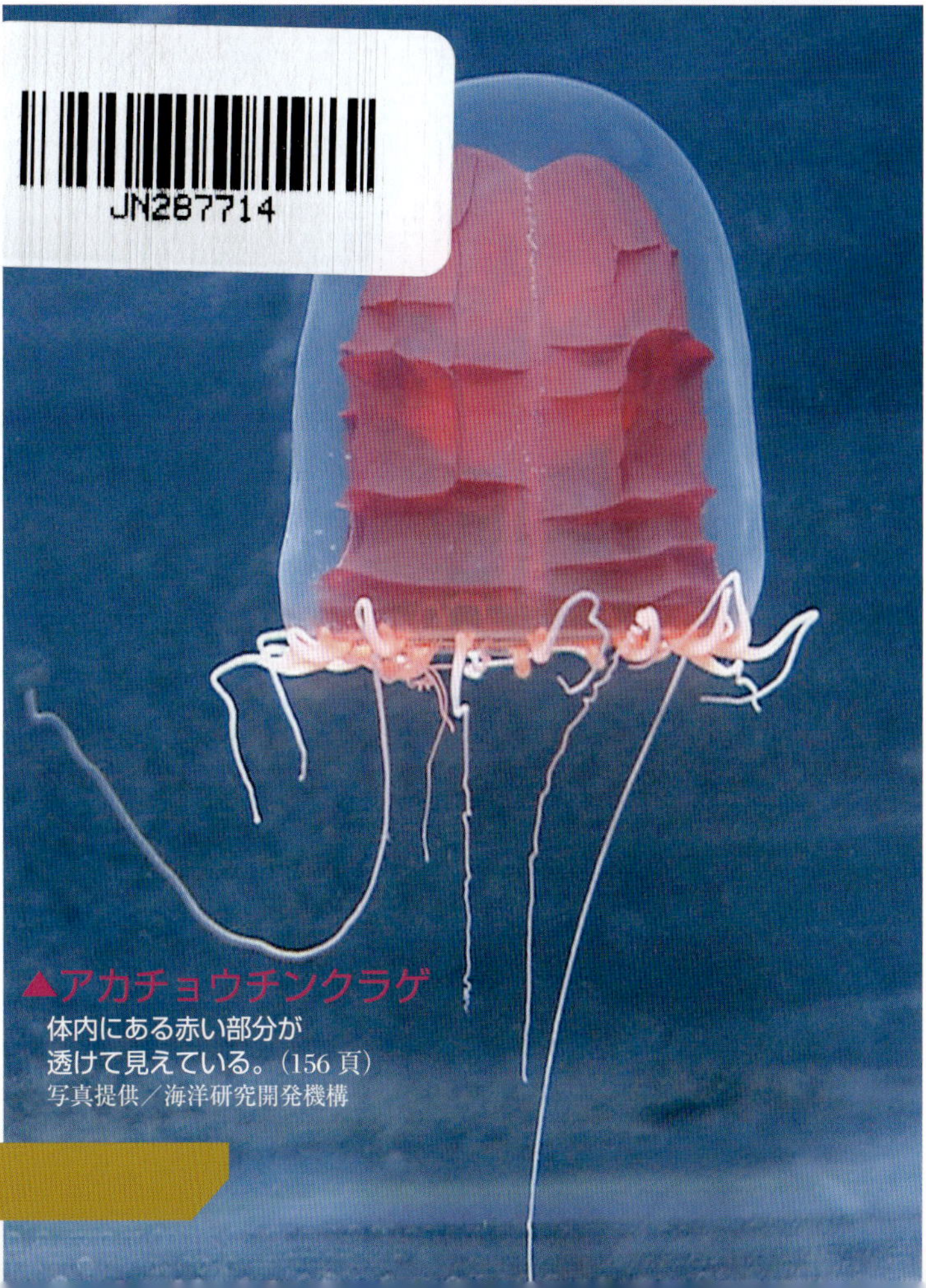

▲アカチョウチンクラゲ
体内にある赤い部分が
透けて見えている。（156 頁）
写真提供／海洋研究開発機構

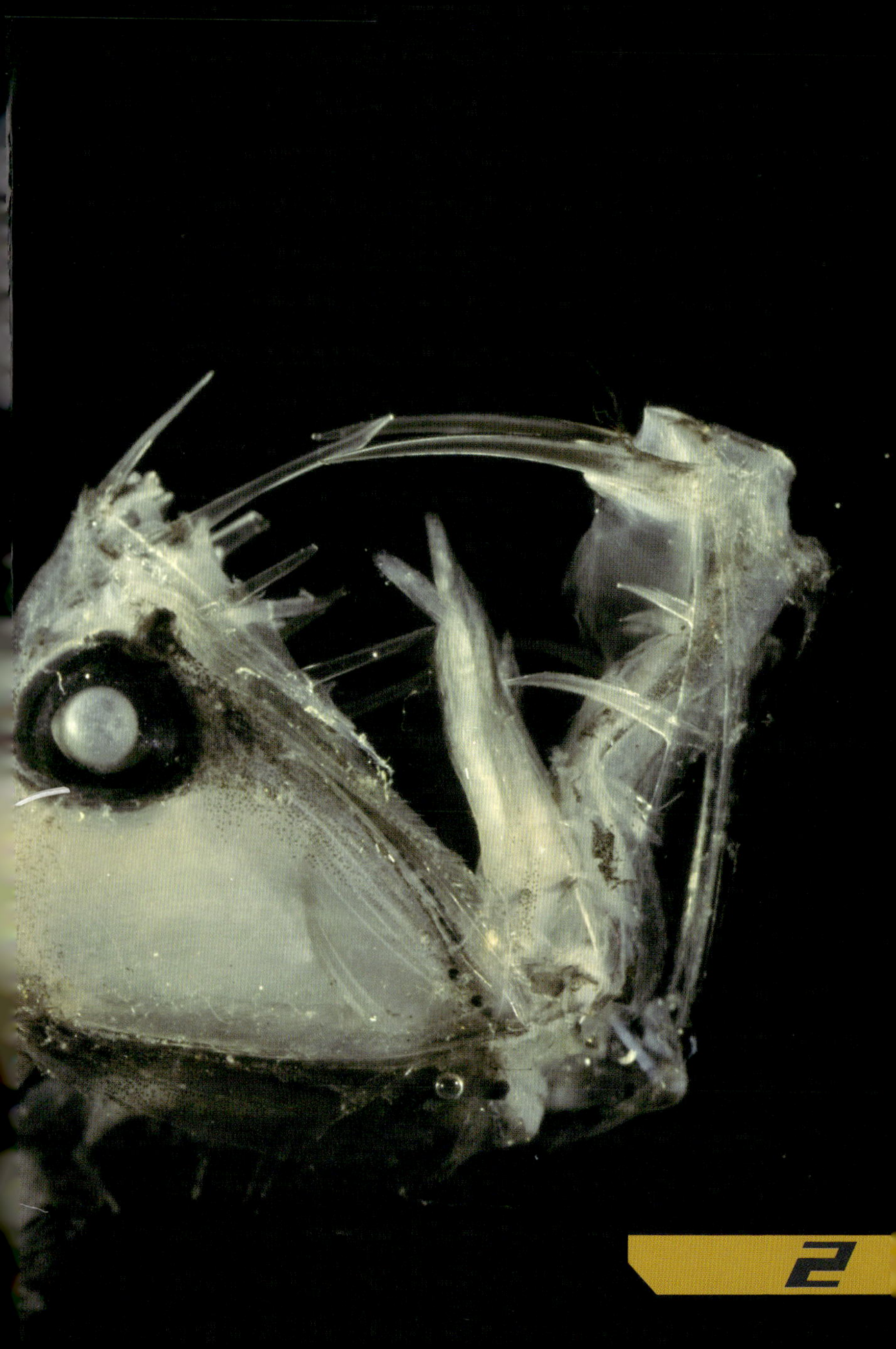

▶ホウライエソ
口が閉められないほど、長いキバをもつ。（54 頁）
写真提供／アフロ

◀コウモリダコ

スカートのような膜の内側にトゲが並ぶ。（82頁）

写真提供／ドゥーグル＝リンズィー・海洋研究開発機構

6

▶ユビアシクラゲ
まるで人の指のように見える口腕をもつ。（106 頁）
写真提供／海洋研究開発機構

◀オオタルマワシ

エビのような部分が本体。ほかの生物の残がいを加工して、そのなかに住む。（78 頁）

写真提供／海洋研究開発機

◀ラブカ

口内には小さい歯がびっしりと並んでいる。（58 頁）

写真提供／新江ノ島水族館

▲オオグチボヤ

海底で口を開けたまま立つ。
たまにしぼむ。（34 頁）
写真提供／海洋研究開発機構

▲ホウライエソ
腹部にある2列に並んだ点は発光器。（54頁）
写真提供／ドゥーグル＝リンズィー・海洋研究開発機構

◀スケーリーフット
足が硫化鉄でおおわれためずらしい巻貝。（114頁）
写真提供／新江ノ島水族館、
海洋研究開発機構

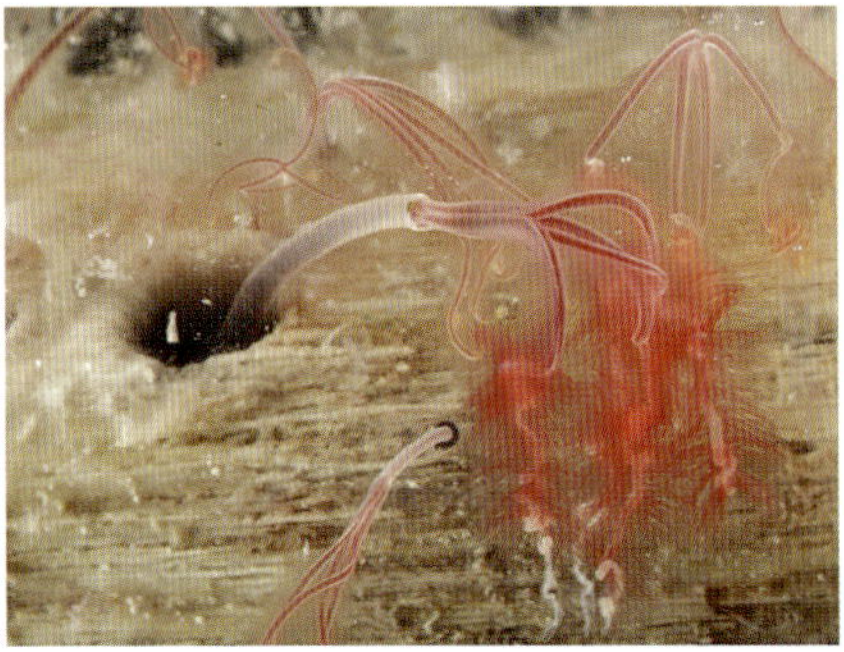

▶ホネクイハナムシの仲間
クジラの骨を赤でおおうほどに群生する。（104頁）
写真提供／藤原義弘・海洋研究開発機構

▲ダイオオグソクムシ

オオグソクムシの巨大版。40cm にもなる。（61 頁）

写真提供／新江ノ島水族館

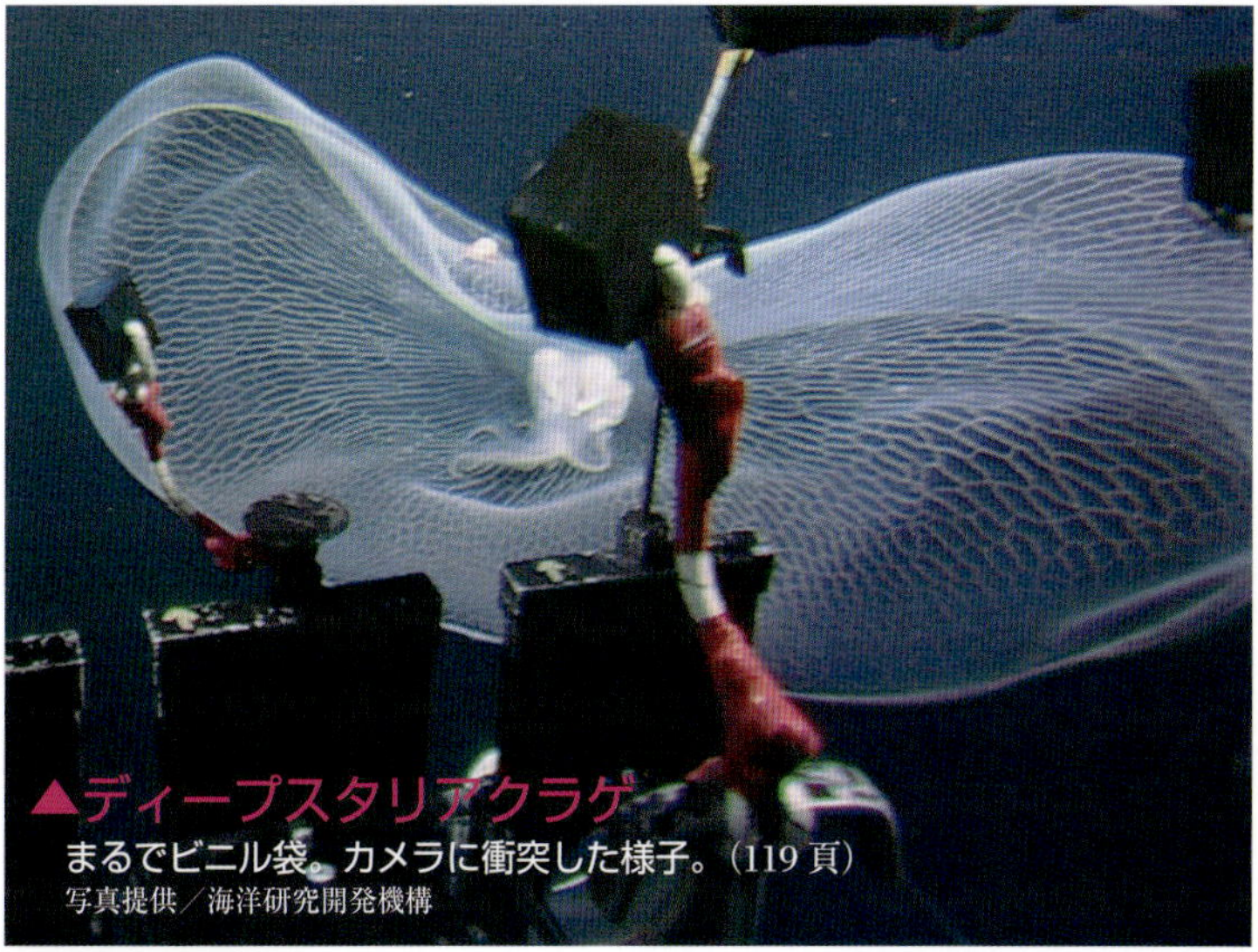

▲ディープスタリアクラゲ

まるでビニル袋。カメラに衝突した様子。（119 頁）

写真提供／海洋研究開発機構

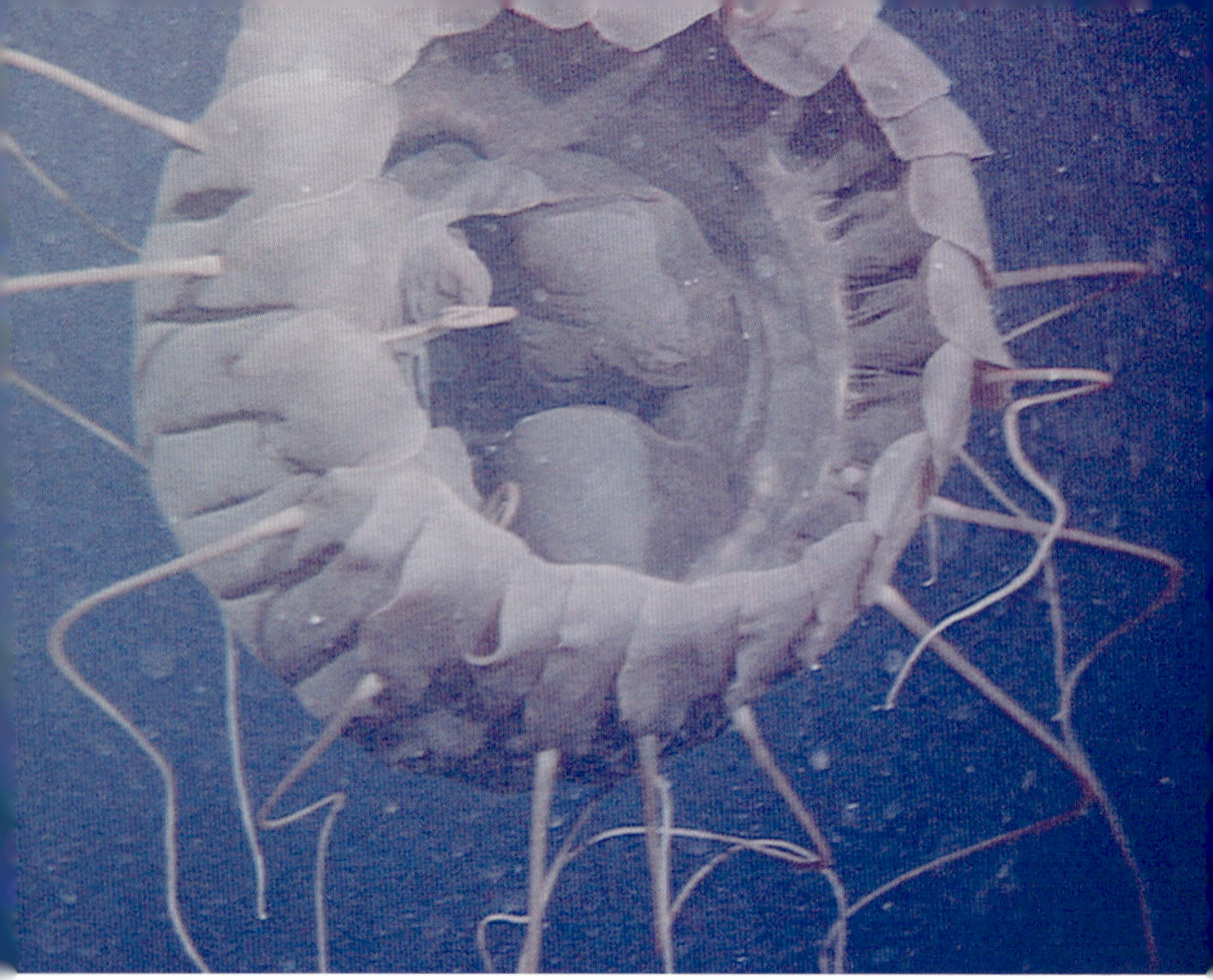

▲メンダコ
頭から生えている耳みたいなものはヒレ。
（150 頁） 写真提供／新江ノ島水族館

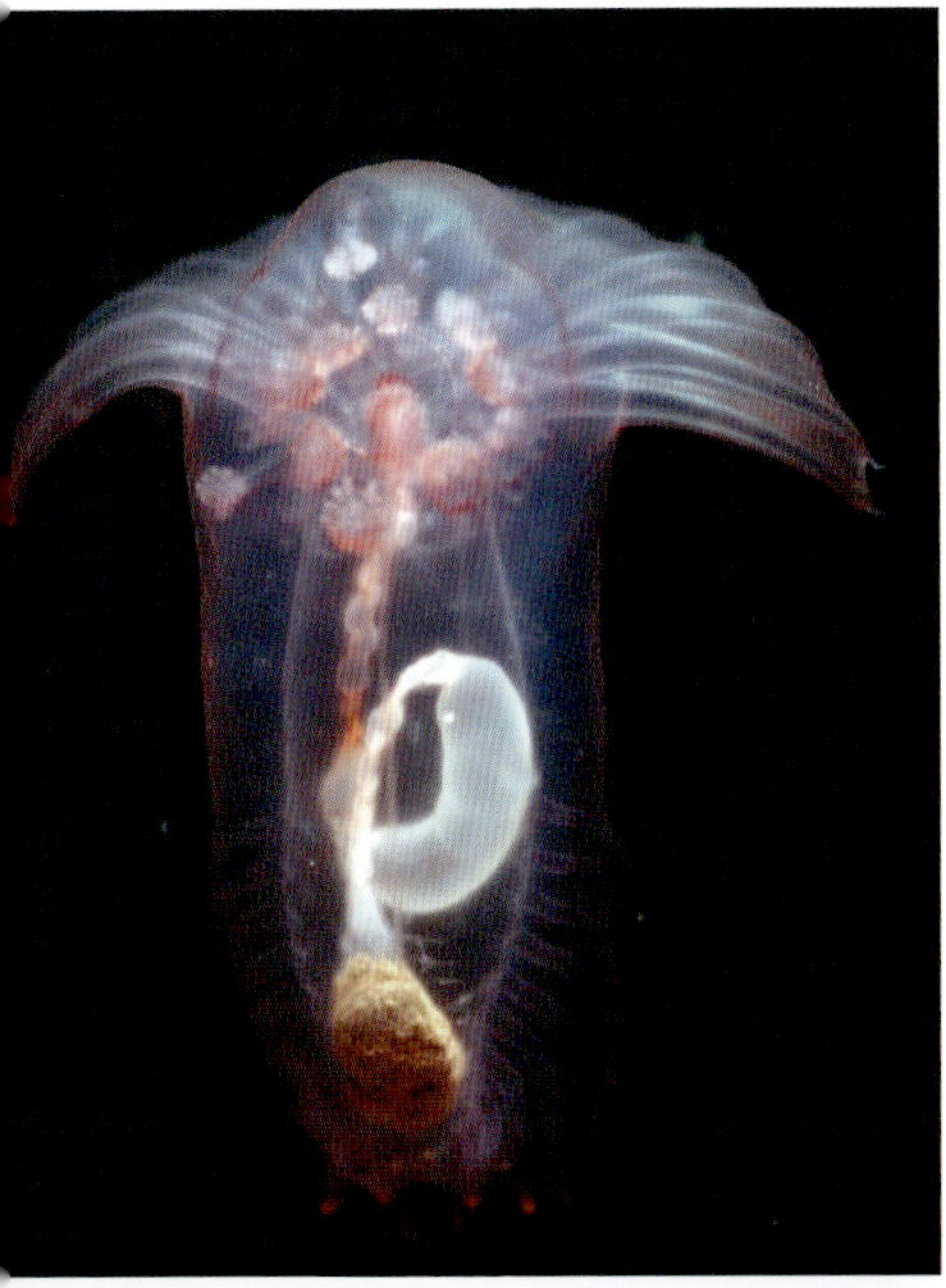

◀ユメナマコ
ワインレッド色の目にも美しいナマコ。（154頁）
写真提供／ドゥーグル＝リンズィー・海洋研究開発機構

▶クロカムリクラゲ科ベニマンジュウクラゲ
花びらを開くようにして泳ぐクラゲ。（136頁）
写真提供／海洋研究開発機構

▲ミツマタヤリウオ
アゴヒゲのようなものは発光器。（148頁）
写真提供／海洋研究開発機構

▲チョウチンアンコウ

頭についた触手のようなものはイリシウム。（92 頁）

写真提供／新江ノ島水族館

▲ゴエモンコシオリエビ

腰を曲げているコシオリエビ。（184 頁）

写真提供／新江ノ島水族館、海洋研究開発機構

▲ナガヅエエソ
海流にのってくるプランクトンを食べる。（188 頁）
写真提供／海洋研究開発機構

◀ヌタウナギ

死肉に群がるとても原始的な生物。(190頁)

写真提供/海洋研究開発機構

◀ウミグモの一種
(ヤマトトックリウミグモ)

海底に群生しクモの
じゅうたんをつくる。
(172頁)

写真提供/新江ノ島水族館

深海の生きもの衝撃ファイル

Creatures of the Deep Sea

クリエイティブ・スイート―編著

Creatures of the Deep Sea

刊行によせて

1228mの深海底に到達し、ライトを点灯して間もなくのこと、私は見てはいけないものを見てしまったような気がして、思わず息をのみました。

有人潜水船「しんかい6500」の直径12cmセンチの丸窓に顔をつけて外を眺めていた私の目の前に、とつぜん握りこぶし大の透明なクラゲが現われ、丸窓までスピードを上げて近づいてきたかと思うと、プラスチックのような光沢の体から、赤と緑の人工的な鋭い光を発光したように見えたのです。「しんかい6500」の試験潜航で、春の相模湾に潜ったときのことです。

かつて生物などいないと考えられていた深海。たしかに深海のほとんどを占める外洋は栄養分に乏しく、深海砂漠とも呼ばれ、生物はまばらにしか住んでいません。

しかし相模湾のような沿岸近くでは、海水の栄養分が多いので、春には植物プランクトンに始まる食物連鎖の輪がぐるぐる回って、深海生物のエサとなるマリンスノーがぼた雪のように激しく降ってきます。そのため、視界は3mほどしかなく、目の前の目的地も見失いそうなほど濁っていますが、それこそが海が生きている証。だからこそ奇妙な生物がつぎつぎと姿を現わす場所となっているのです。

透明や赤色のさまざまな形のクラゲや、針金のような細い足を広げたウミグモが漂い、真っ赤なエビが小さな足をせわしなく回転させて立ち泳ぎをしていました。頭だけが大きくて、体から尾ビレにむかって極端に細いお化けのような魚や、アナゴやヌタウナギ、ソコダラも海底をはうように泳いでいました。真っ暗闇に、得体の知れない生物がうごめいているという異様な雰囲気で、あちらの住人から「見られている」という感覚すらありました。大海原の下には地上とは別の世界が確かに存在するのです。

さて、本書では、世界中で撮影されたり収集されたりした110種もの奇妙な深海生物を、ライターの方がユーモラスな視点で、表情豊かに紹介していきます。目撃回数が少なすぎて生態がほとんど分からず、今後の研究が待たれる生物もたくさんいます。

私たちの環境とはちがう世界で世代を重ねてきた彼らが、暗闇で光を巧みに使ったり、激しくキバをむいたり、ほかの生物と協力し合って厳しい環境を生き抜いているのを知るほど、数十億年をかけた進化の奥深さに感嘆せずにはいられないでしょう。

科学ジャーナリスト　瀧澤美奈子

深海の生きもの
衝撃ファイル

目次

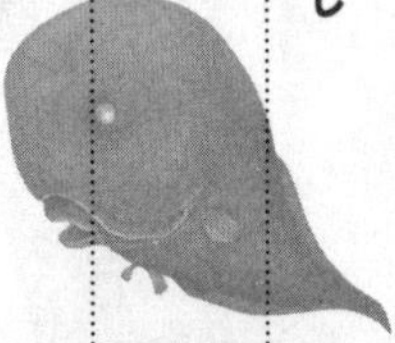

SPECIALTY

2章 必殺ワザをもつヤツら

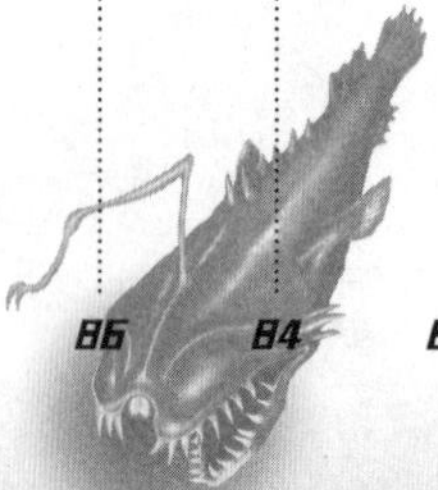

CHARM 3章 美しく惑わすヤツら

GLOOMY

4章 陰気で暗いヤツら

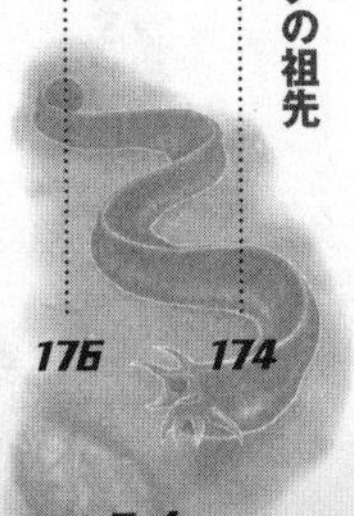

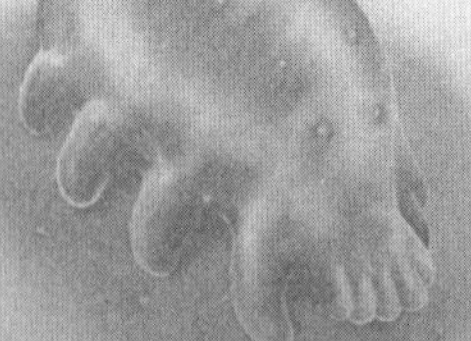

【スタッフ】
協力●瀧澤美奈子
編集・構成・DTP●クリエイティブ・スイート
執筆●近藤雄生
生物イラスト●西村光太
本文デザイン●下條麻衣(C-S)
カバーデザイン●伊藤礼二
カバーイラスト●AKIO、西村光太

1章
怪物にしか見えないヤツら

Monster

ドハデなイデタチでお尻から墨を吐く

アカナマダ

赤くビンビンに尖《とが》ったトサカのようなものを頭につけ、**どこかパンクロッカーを思い出させる風貌《ふうぼう》**だ。

成長するとともに少しずつ頭が前に突き出していき、横から見るとほとんどオデコは垂直。前衛的な顔つきだ。しかも銀色に光る長い体と、背中の末端まで延びる赤い「たてがみ」があり、やたらとハデな架空のカイブツのようである。その化け物級に変わった見た目で、大きいものは体長２ｍにもなるというのだから、暗闇が支配する落ち着いた深海世界では、周りから激しく浮いてしまっているような気がする。

しかしそのアカナマダ、目だつはずなのに人間に発見されるのはめずらしく、くわしい生態はあまり知られていない。ただ、体内に墨のような黒い液体の入ったふくろをもっていて、それを肛門からふん出することがわかっている。**タコでもない魚が「墨汁」をふん出する**目的は、外敵を威嚇するなどの防御の手段と見られている。

が、こんなイケイケなイデタチの生き物が出すのである、まったく思わぬ目的があったりするかもしれない。ふん射っぷりのよさでメスを誘っていたり……。ちなみにアカナマダは、アカマンボウ目に属する。

深度
数百ｍ程度（不確度）

体長
～２ｍ程度

生息地
世界中の温帯・熱帯の水域

「このオデコ、
イカスだろ？」

イエティカニ

毛むくじゃらの腕をもつ深海の「雪男」

深度
2300m

体長
15cm程度

生息地
南太平洋で発見

イエティとは、ヒマラヤ山脈に住むといわれる雪男のような未確認動物である。白い毛におおわれ直立歩行すると考えられているが、いまでは、「それ、ヒグマでしょ?」という見解のほうが有力のようだ。

が、イエティカニは実在する。甲殻類なのでカニかロブスターに似ている。が、体全体が白く、しかもはさみをもつ**2本の長い腕は白いモジャモジャの毛におおわれていて**、イエティのイメージにとても近い。

発見されたのは2005年のこと。チリ・イースター島の南1500㎞の南太平洋沖にある、海底山脈の熱水ふん出孔の周りに集まっていた。見た目がこれまで確認されている種とあまりに異なったため、分類上、新しい「属」と「科」が作られたほど。また、この奇妙な風貌の甲殻類はメディアも熱狂させ、**発見のあとすぐに日本でぬいぐるみが製造されるほどだった**という。

目はひどく退化していて、見えないようだ。また、はさみをおおう毛のなかには多くの糸状のバクテリアが発見されている。そのバクテリア自体をイエティカニが食べているのではないか、などと推測されているが、肉食らしい挙動も見られていて、その生態の多くはなぞに包まれたままである。

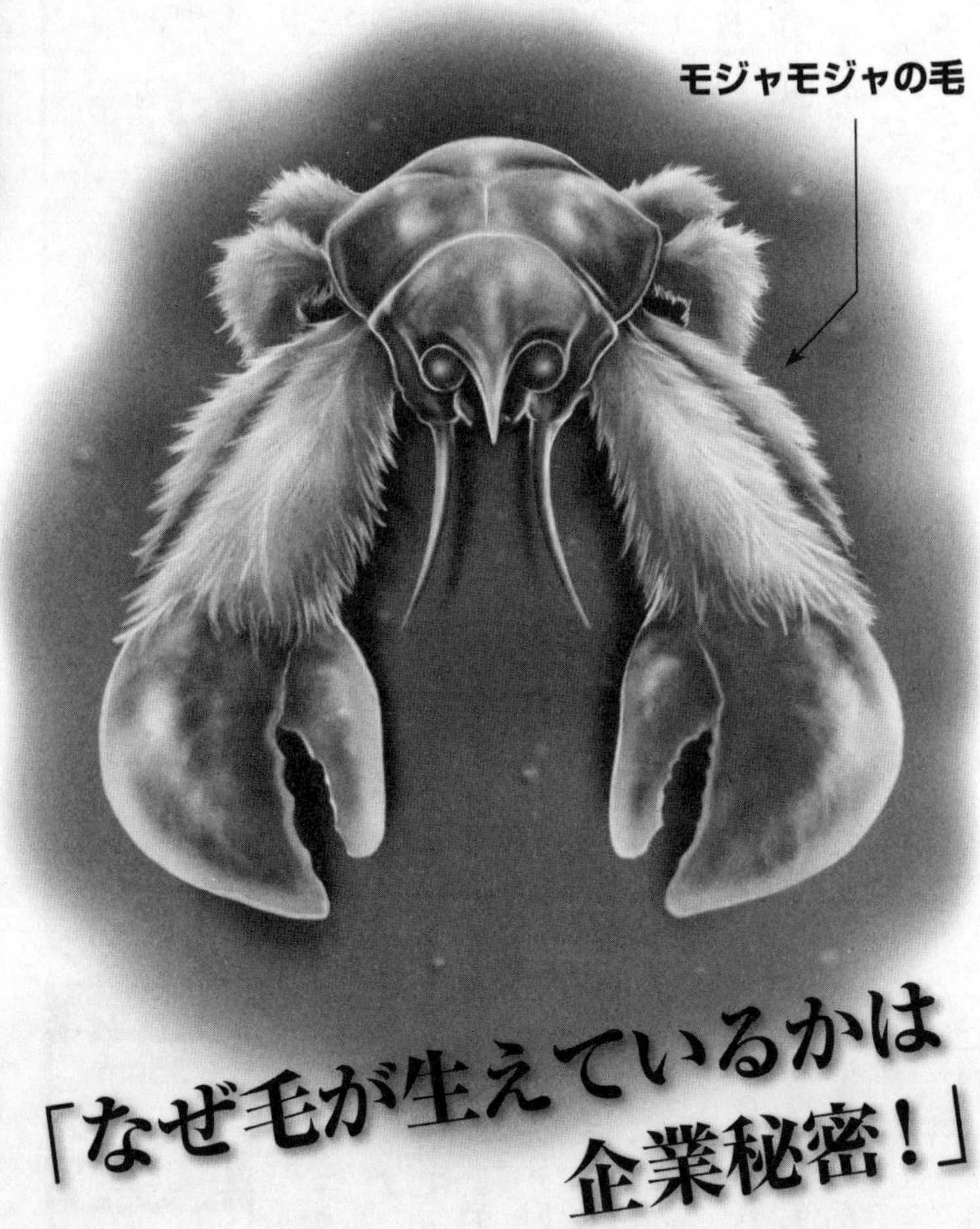

「なぜ毛が生えているかは
企業秘密！」

32

長い「ムチ」をあやつる深海の「魔女」

エナガシダアンコウ

深度
～2500m

体長
～35cm
程度（メス）

生息地
大西洋、
太平洋

「アンコウ」というと、チョウチンアンコウなど、丸くてゴツイ体とゴツゴツしたイカツイ顔の印象が強いと思われるが、このエナガシダアンコウはスリムで、アンコウ界では、逆に目だつ存在だ。

　尾びれは細く枝分かれして、人魚さながらヒラヒラとした軽快さを見せる。ゴツさ勝負のアンコウ仲間からは**「なんじゃ、この軟弱野郎が！」と一喝されそうなナンパな雰囲気**をもち合わせているのだ。

　しかしその特徴は、細身で軽快な体だけではない。アンコウの仲間の多くが頭につけている、エモノをおびき寄せるための竿のようなイリシウム（誘引突起）が、エナガシダアンコウの場合はとりわけ長いのだ。

　なんと体長の2倍なんて普通で、長いものでは4・5倍にもなるという。もう、これは本当に釣竿である。こいつを振り回し、先っぽについた発光器をピカッと光らせエモノをおびき寄せる。そして近づいたものに鋭い歯で襲いかかるのだ。

　エナガシダアンコウは、見てくれが恐ろしい怪物というより、**ムチを振り回す魔女**のような雰囲気がある。しかも、エモノを探すときには逆さに泳ぐ姿が確認されていて、動きもなぞいっぱいなヤツである。

「女王様とおよびなさい！」

表情豊かなオオグチの「お化け」

オオグチボヤ

一見すると、海底から棒に支えられた大きな口がニョキっと立っている、という様子である。または、**口に1本足が生えただけの、レトロなお化け**のようにも見えてくるから不思議だ。なお、体はほぼ透明である。

2001年に富山湾で、有人潜水調査船「しんかい2000」によってオオグチボヤのコロニー（群生）が発見されたが、そこでは大勢で並んで海水の流れに向かって大きな口を開けていた。

そうやって海水とともに流れてくるものをなんでもかまわず食べているのだが、その様子を想像すると、**墓場で大笑いもしくは大合唱をしているみたい**で、恐怖の場面にも思えてくる。

だが、外敵が近づくと口をおおい隠すように前に体を曲げて丸まる。防御のポーズなのであろうが、なんだか、悲しみを抱えてうつむいた少女のように見えたりする。

そんな表情豊かな生き物だが、油断して近づくと、小エビやほかの甲殻類などはそのままパクリとやられてしまい、お化けの怖さを知ることになる。

この口は、酸素などを取り込むための入水孔が巨大化したもののようだが、これも有機物が得にくい深海で生きる知恵なのだ。

深度
200～5300mにて確認

体長
13cm程度

生息地
日本近海、アメリカ西海岸など広く分布

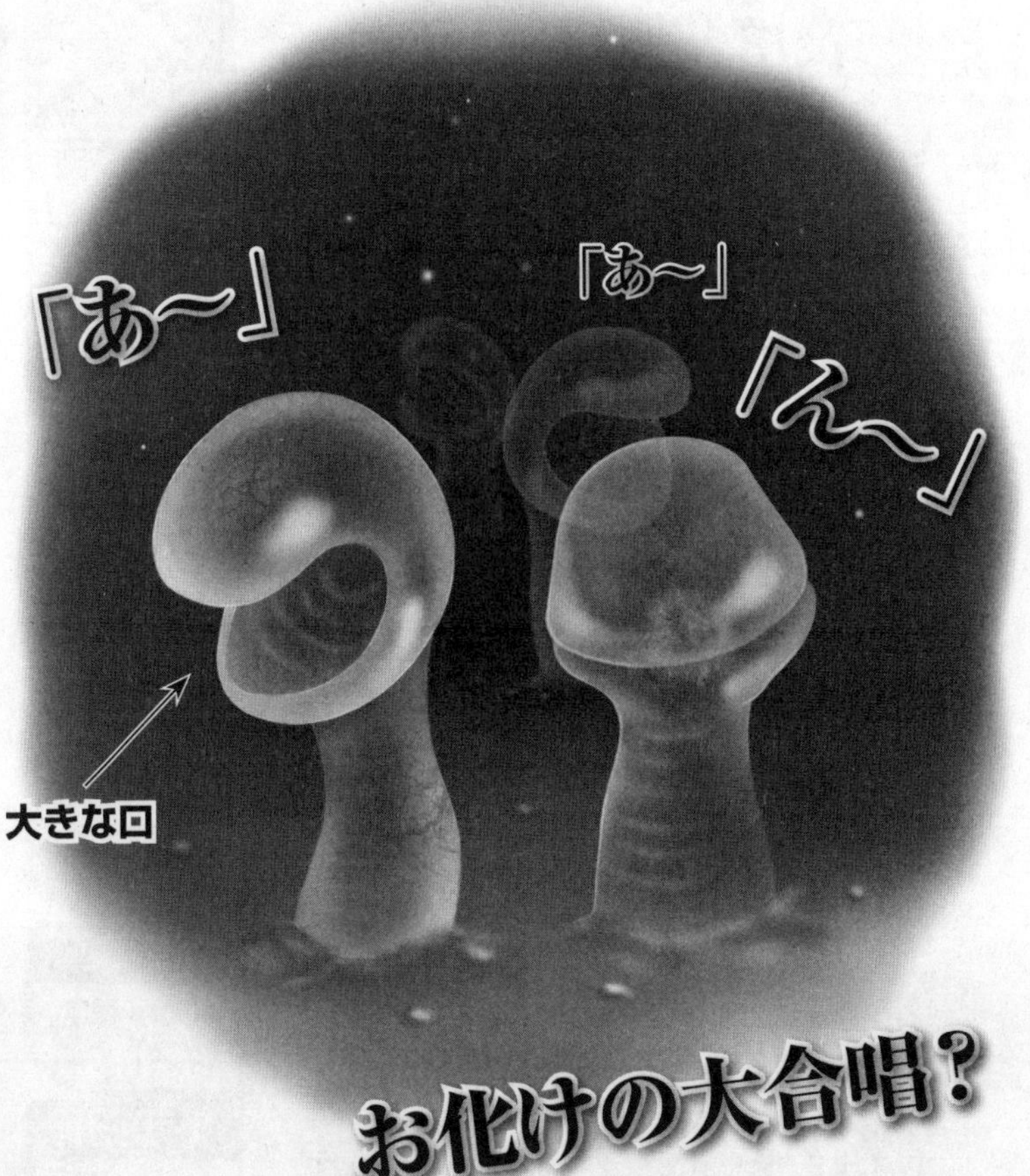
「あ～」

「あ～」

「ん～」

大きな口
お化けの大合唱？

オニアンコウ

アゴの下の巨大な「ヒゲ」でエモノを誘う

その名前のとおり、ツノのような突起をもつアンコウの仲間だ。だが特徴はツノよりも、なんといってもアゴの下に伸びる細長いサンゴ状の器官だ。英語名では「太い枝」と形容されるが、確かにアゴの下で硬い枝がいくつにも分岐して伸びているように見える。アンコウの仲間らしくいかめしいツラ構えだが、この「ヒゲ」によってヒゲのお化けか、はたまた**仙人のようにも見えてくる**。

チョウチンアンコウなど、ほかのアンコウの仲間と同様にエモノをおびき寄せるためのイリシウムをもっているが、それだけでは不十分なのかもしれない。アゴの下の巨大なヒゲもまた擬餌《ぎじ》のような役割を果たすようだ。ヒゲは頭の上のイリシウムと同様に光ってエモノをひきつける。その様子はまるでアゴから**カミナリが落ち続けている**ようでもある。光を使ってほかの生物をおびき寄せるのは深海魚の常套《じょうとう》手段であるが、頭の上もアゴの下もビカビカ光らせているのはオニアンコウだけかもしれない。

ただ、この恐ろしげな顔と装備をもっているのはメスだけである。オスは小さくメスに寄生して精子を提供するだけの存在なのだ。くわしくは「ペリカンアンコウのオス」の項目をご覧あれ。

深度
150～1400 m

体長
40cm 程度（メス）

生息地
大西洋、太平洋、日本近海など

「私が相手になってくれる！」

鋭いキバのため、口が閉まらない

オニキンメ

とにかく顔が恐ろしい。あまたの修羅場をくぐり抜けてきた男の傷跡のような線が顔に複数ついている。その上なんといっても、キバがすごい。確実にエモノを捕らえられるようにと大きく進化した。だが、**大きくなりすぎて、いつしか口を閉じられなくなってしまった**。キバの発達にかけるその情熱もすごいが、少々間抜けな話ではある。オニキンメ自身も、「こりゃやべえ」と思ったにちがいないが、もうあとの祭りだ。

しかし、そのキバはさすがに威力満点だ。海中でふらふらと浮遊《ふゆう》しながらエモノを待ち、いまだと思ったら「ガブリッ！」といく。そうなったら、相手がいくら暴れようが離さない。オニキンメの勝ちである。ちょこまかと追いかけっこをしたりしないのが、やはりオオモノの貫禄《かんろく》を感じさせる。

ただ、オニキンメにも悩みはある。一見、深海中を震撼《しんかん》させる恐ろしいヤツに見えるのに、じつはとても小さいのだ。たった15cmほどしかない。**人間の手のひらに乗ってしまうコンパクトサイズである**。だから、コワモテなツラ構えも、どっしりとエモノを待つオオモノぶりも、大きな魚にはさほど効果はないのだ。だからだろうか、目がどこか寂しげに見える気がするのは。

深度
600～
5000ｍ

体長
15cm程度

生息地
太平洋、
大西洋など
広く分布

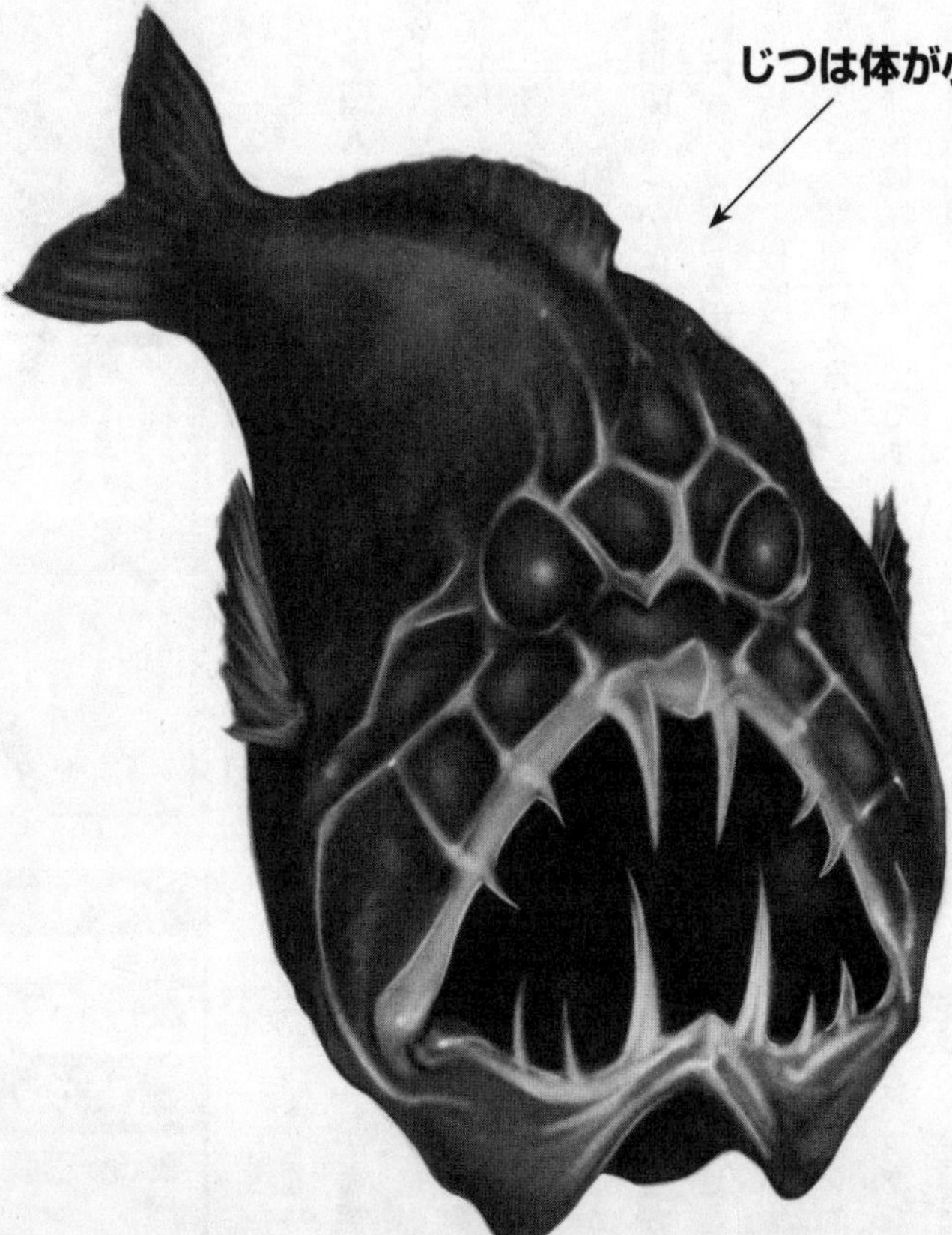

「コワモテの
チビなんて……」

ピンポン玉のような奇怪な姿

ギガントキプリス

真ん丸いピンポン玉に目がついただけのような姿で、**宇宙人もしくはウルトラマンの頭**だけが漂流しているような、まったく得体の知れない存在にも見える。

　どの海洋生物とも似つかない奇抜なその姿かたちからは、この生物がいったいなんなのかほとんど想像がつかない。が、これはカイアシ類と呼ばれる小さな甲殻類に分類される。しかも体長は数cm程度で、カイアシ類のなかでは最も大きな部類に入るという。

　体色は、深海には届かない色である淡いオレンジ色で、外敵に見つかりにくいようになっているが、そのおかげでハロウィンのカボチャのようにも見えてしまう。

　全体をおおう「殻」から突き出る一対のアンテナのような突起をプロペラのように回転させることで推進力を得て移動する。いっぽうのみを動かすことで方向転換もできるなど、小さいのに高度な動きが可能だ。実際、こんな丸い風貌なのに**泳ぎがうまかった**ことは科学者たちをおどろかせたようだ。

　さらに特筆すべきは、ギガントキプリスの目だ。まさにウルトラマンのような顔つきを演出する大きくメタリックな目は、深海のかすかな光をも見逃さない。ほかの魚より17倍も明るい像が得られるようだ。

深度
数百〜数千m

体長
数cm程度

生息地
大西洋、太平洋、南極近海など

『目玉のお化けじゃないよ』

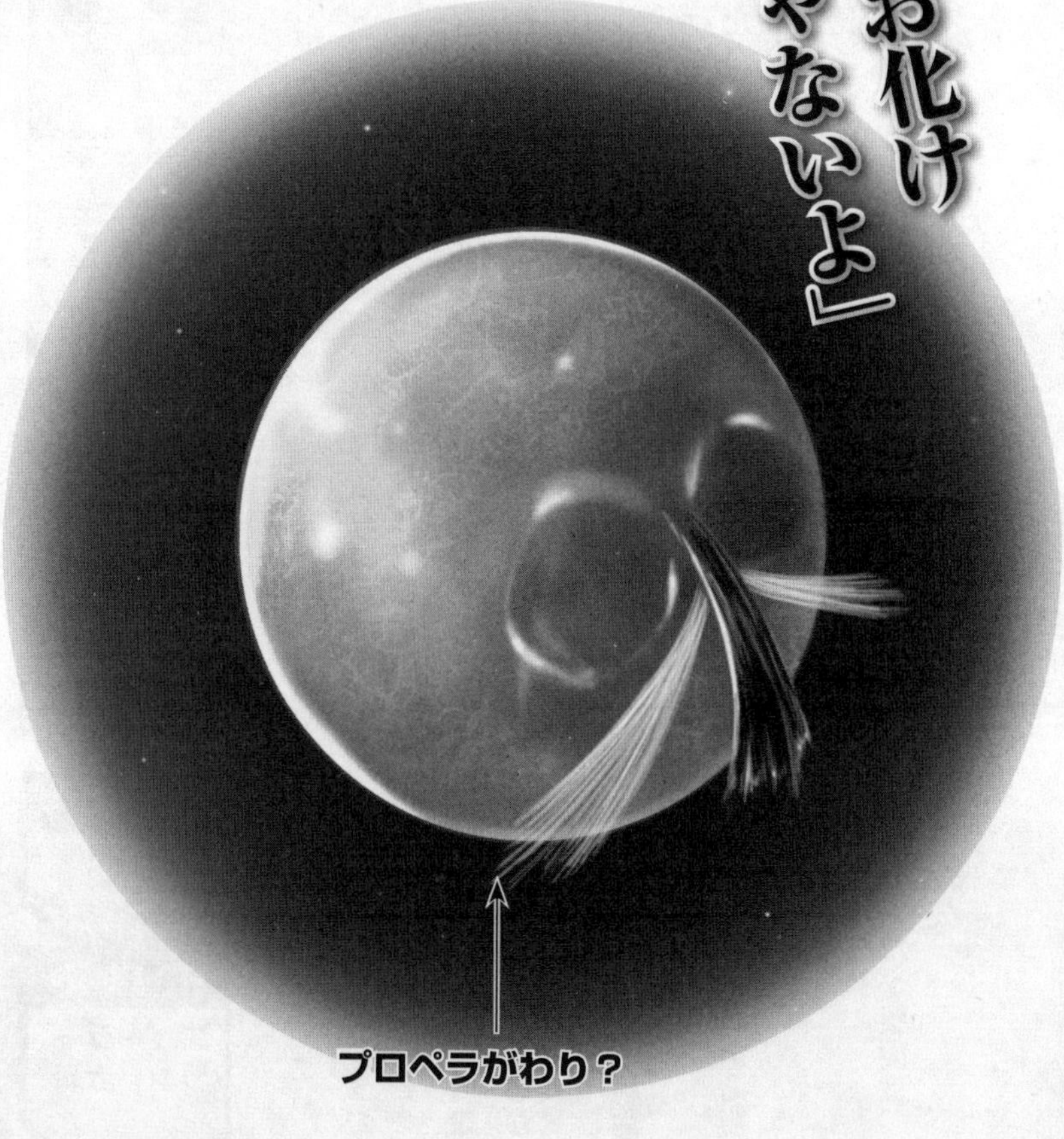

恐怖！ 深海の「人面エイ」

ザラザラカスベ

「おい、なに笑ってやがる!? ケンカ売ってんのか？ テメー」

とからんでみても、ザラザラカスベはなにも答えない。そしていつまでも表情を変えずに**「フッフッフッ」と笑い続ける**。その笑みは、深い企みと陰謀に取り憑かれた人の顔のようで、とても深海の生物には見えない。

だが、いつか気づかされる。そうだ、ザラザラカスベはじつはただのエイなのだ、と。そして、人の顔のように見えるのは、その腹面（下面）で、目に見える部分は鼻孔だったんだな、と。

さて、このザラザラカスベ、名前のとおり、背面の縁はトゲトゲ、ザラザラになっている。これは、体を守るためだと思われる。またその背面にはちゃんと目もついている。ま、**目といってもただ光を感知するだけの単純な作りで、方向などはわからないようであるが**。

背面は全体が茶色で、そこに白い斑点《はんてん》やマーブル模様がついている。いっぽう、腹面は白っぽく、小さな斑点が無数にある。

目がある背面の「顔」と、鼻孔がある腹面の「顔」では、色も表情もまったく異なっている。

背面はいかにもエイの顔。だが腹面は、不敵に笑い続ける人の顔なのだ。

深度
～1500m

体長
～1.2m程度

生息地
ニュージーランド近海

「腹から笑え！」

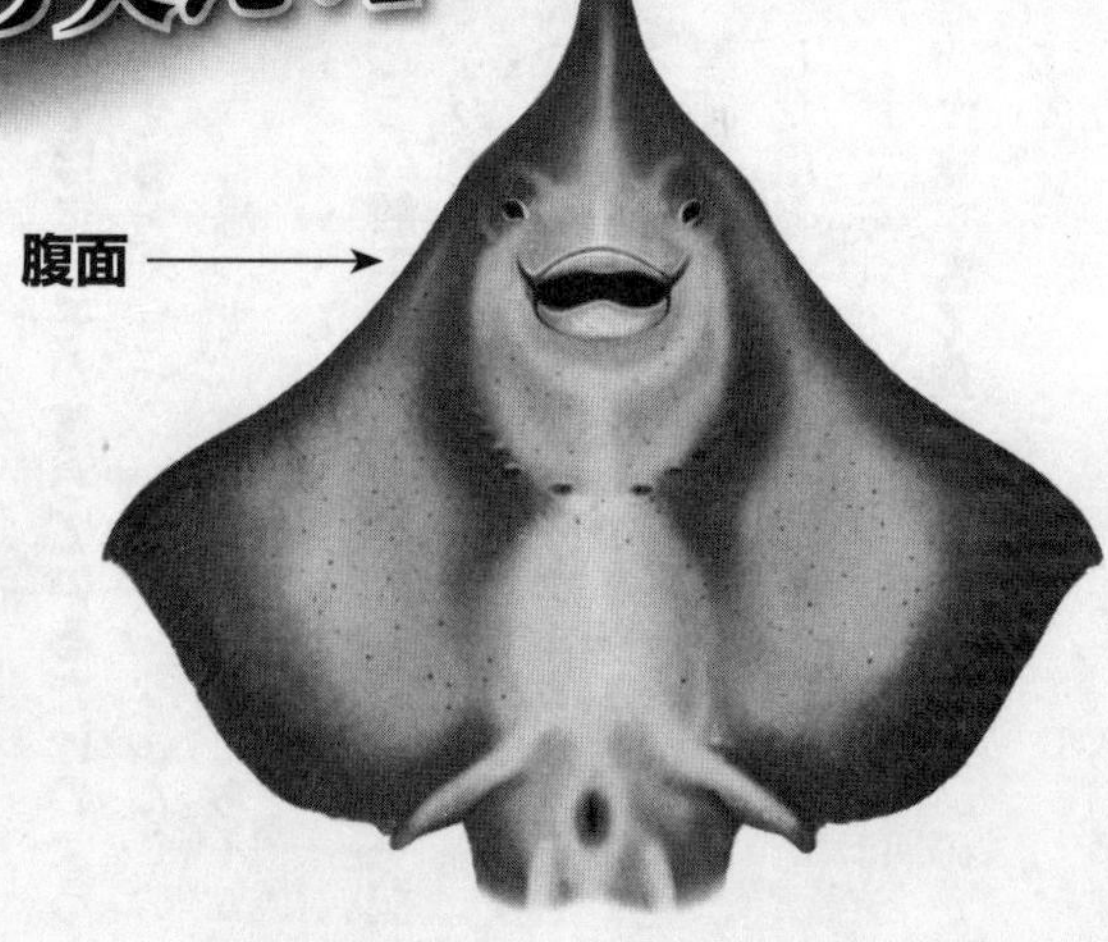

44

胴体より12倍も長い触手をもつ!?

シチクイカ

深度
200～
400m程度

体長
～5m程度

生息地
太平洋（沖縄、ハワイなどの近海）

深海の大型イカとしてこれまで存在が知られるものは11種ほどあるといわれるが、そのなかのひとつがこのシチクイカ。

特徴は、強いムラサキ色の体色と、極めて細長くロケットのような外套膜《がいとう》（胴体）をもつ。また、楕円形のヒレがあり、その後ろに葉のような別のヒレがあるのも独特だ。

さて、そのデカさだが、外套膜は大きいもので長さ80cm、胴体から触腕《しょくわん》（触手《しょくしゅ》）までをあわせた全長は5m以上にもなる。

しかも、2本のヒョロヒョロとした触手は、ほかの8本の腕にくらべてぐっと細くて果てしなく長い。捕獲されたシチクイカの写真などでは、**そばにヒモが落ちているだけのようにさえ見える**。そして、「あれ、なんだこのヒモは？」と思って、たどっていったらイカの体に行き着いてびっくり！　みたいな。

なんとこの触手、胴体の12倍もの長さを記録したものまで過去に見つかっている。

こんな化物級に巨大なシチクイカが、別の大イカであるソデイカの漁の最中に紛れて釣れて、漁師をおどろかすことがある。

しかし食用としては使われていないため、ほとんど捨てられるだけ。やはりこれだけデカイと、**大味すぎて食えたものではない**のかもしれない。

「あ〜、
それ私の触手なんです」

世界一巨大な無セキツイ動物

ダイオウイカ

深度
300～1000m

体長
5～18m程度

生息地
日本、カナダなど世界各地

巨大なイカとしてシチクイカがすでに登場したが、なんといっても、デカさと迫力ではこのダイオウイカがいちばんである。

この世界一巨大な無セキツイ動物は、全長は18m、体重は１０００kgにまでなるものも発見されていて、**目の大きさがサッカーボールにも匹敵する**というほどの、まさに万人が認める伝説的な海の怪物だ。

何百年も前から、世界の水夫たちは海の巨大な化け物について語ってきたが、そのうちのひとつが巨大なイカだとわかったのは19世紀のこと。

そのときにはすでに、とんでもなく凶暴な怪物というイメージが定着していたが、じつはまったく無害であることがわかってきた。

マッコウクジラとの対決が「ゴジラ対ガメラ（深海版）」のように語られてきたが、現実は**ダイオウイカが一方的にマッコウクジラに襲われているだけ**だったことも判明。がっかりしたファンもいたと思われる。

ダイオウイカは、日本、カナダ、ノルウェー、南アフリカなど世界各地で出現記録があるが、日本近海のものはだいたい胴長が２m前後と小柄である。

そのためダイオウイカのなかにも複数種あると考えられている。

中世の船

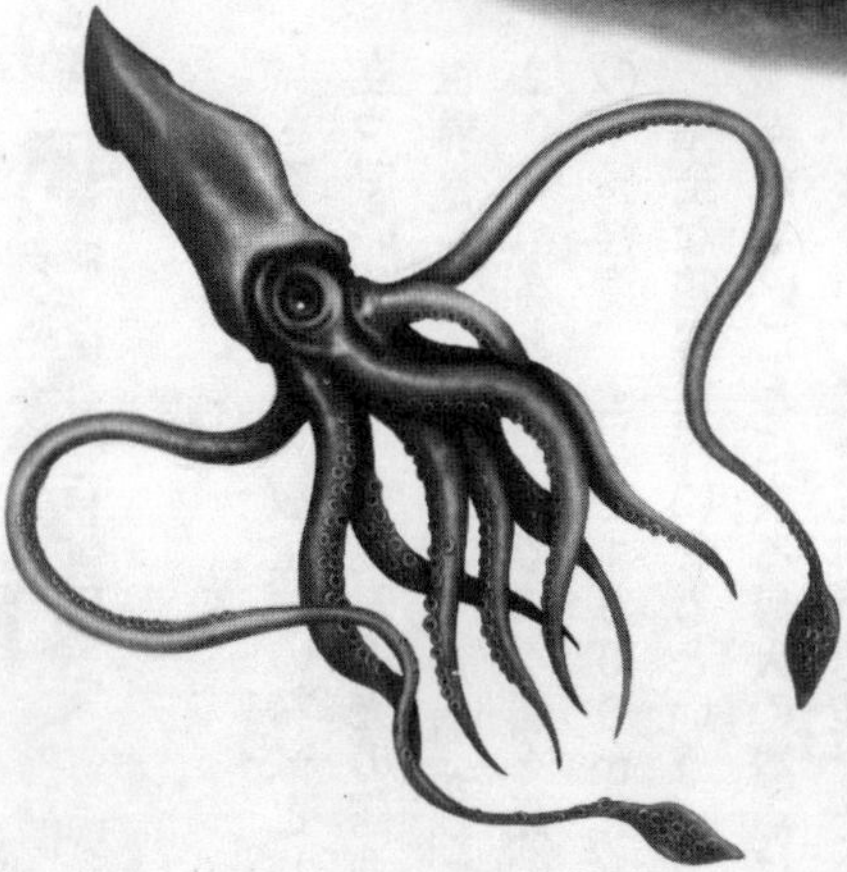

「私、船は襲いません……」

暗黒空間は、地球最大のフロンティア

深海世界における5つの不思議

深海は地球で最も広い生物の居住域

深海の生物についてよく知るためには、深海がどんな場所かを知っておくことが大切だ。深海とは、一般に２００ｍよりも深い海のことをさす。最も深いとされる場所は約１万９００ｍで、平均の深さは３８００ｍほどもある広大な空間だ。そのいっぽう、陸上ではほとんどの空間を空が占めており、地表の面積も微々《びび》たるもの。つまり、地球上で生物が生存可能な空間の99%は海ということになり、その海の85%が深海なのである。深海は生物に与えられた最も広い空間なのだ。

さて、その広大な空間の特徴として最も際立っているのは、ほとんど光の届かない暗黒世界だということだ。深海が始まる水深２００ｍあたりですでに、届く光の量は海面の１％程度、そして１０００ｍになると、ほぼ完全な暗黒世界になるという。

光がないことによる最大の難点は、暗いことではない。光合成が不可能なために有機物が作り出せないことだ。すなわち深海では食料が生産されず、そのため基本的には浅いところから落ちてくる生物の死骸《しがい》や有機物に頼るしかないのである。

そのほか、地表の何百倍にもなる高い水圧、

Column

SECRET	COMMENT
1. どこからが深海なの？	水深 200m 以下の海のこと
2. 深海はどのくらい広いの？	生物が暮らせる空間の８割以上は深海
3. 光のない世界ってどういうこと？	食料が作れないということ！
4. 海底はどんな地形なの？	地上ではありえないほど高い山や、深い谷がある
5. 深海生物はどうして奇怪なの？	深海世界はなぞだらけだから、そこに棲む生物もなぞだらけ！

数度ほどの低い水温、山あり谷ありの複雑な地形が、深海の特徴となる。

深海はまだ大部分がなぞのまま

私たちの暮らすのとはまったくちがった環境だからこそ、そこには私たちが想像し得ないような生物たちが、びっくりするような姿や方法で生きているのである。

１００年前にくらべれば、私たちの深海についての知識はおどろくほど豊富になったが、それでもまだ全体の90％程度はなぞに包まれたままだと思っていたほうがよいようだ。

これまで知られている陸生、水生の生物が１４０万種ほどいるのに対して、深海では今後、１０００万〜３０００万の種類の生物が発見されると考えられているという。深海は地球上に残された、最大の未知のフロンティアなのである。

デメエソ

驚異のハイテク眼球に、死角なし

「上を向〜いて、泳ごう〜よ♪」などと鼻歌を聞かされ続けたのかと思うほど、目がばっちり上向きなのがデメエソである。しかも目玉が真ん丸い銀色で、大きなサングラスをかけている雰囲気だ。**その目と顔は、クールで危険な男、ゴルゴ13のようにも見えて、**恐ろしくもある。

目が上向きなのは、海上から深海に届くわずかな光によってできる魚の影でエモノを探しているからと考えられるが、つねに目が上を向いて泳いでいたら、正面の障害物にぶつかってしまうのではないか、と心配になる。

だが、デメエソは**そんなことは計算ずみ**だ。この魚の目はまず、ひとつの目に網膜を2枚ずつもっている。その上、英語で「真珠の器官」と呼ばれる器官をもつ。「真珠の器官」とは、目の表面にある白い点で、それによって通常の視界には入っていない側面からの光も感知することができると考えられている。ふたつ目の網膜は、その器官の働きと関係があると考えられている。

つまり、そのような目の構造により、上を向きっぱなしでもちゃんとあらゆる方向に注意を払えるというわけである。やはりゴルゴ並みの怪物級の用心深さをもっているのだ。デメエソは、タダモノではない。

深度
〜2300m程度

体長
〜29cm程度

生息地
太平洋、日本近海など

50

「俺の後ろに来るな」

深海の「口裂けドラゴン」

フクロウナギ

腹まで裂けた巨大な口をもつフクロウナギは、その姿から英語ではペリカンにたとえられる。体は細いのに、口ばかり異様に大きくて、確かにペリカンのようでもある。

しかし、ほとんど口に尾がついただけのような姿は、そんな生やさしいものではない。思わず**ダーウィンの進化論を疑いたくなる**ほど、進化の過程で自然に生じてきたとは思えない特異な姿をしている。「深海の口裂けドラゴン」とでもいおうか、架空の動物か、人工的な産物のように見える。

開いた口の容積は、体の10倍以上にもなるらしく、その大きな口で何でも食べて、食糧事情の悪い深海ライフを生き延びている。とにかく口に入れて空腹を満たしてしまえというノン**グルメなスタイル**である。

頭の先っぽに申し訳程度についている目は、とても小さくて退化していそうな感じだ。が、尾の先にある発光器でエモノをおびき寄せることができるため、それほど遠くまで目で見る必要がないのかもしれない。

またフクロウナギは、一般的なウナギと同様「レプトケファルス」と呼ばれる、平たく透明な幼生期を経ることが知られている。しかし、いったいいつあんなに口だけが成長してしまうのだろうか。

深度
500～3000m

体長
75cm 程度

生息地
大西洋、東太平洋などの温帯から熱帯域

「好き嫌いはダメって教わらなかった?」

アゴが首からはずせる離れワザ！

ホウライエソ

顔の恐ろしさではオニキンメなどとともに深海魚界の上位に食い込む。とくにおどろかされるのはその大きなキバ。口から大きく飛び出てしまっていて、**口のなかに収めようという意志はまったく感じられない**。そしてそのキバと連携するもうひとつの武器は、大きく可動するアゴである。

つまり、アゴが、首に当たる部分からはずれ、頭とアゴ全体で大きく口を開けることができるのだ。映画『ジョーズ』で知られるホオジロザメの口の開け方もあっぱれだが、ホウライエソのアゴの自在な開き具合はその一歩先を行く。もちろん、体長が35㎝ぐらいにしかならないホウライエソだから、人間が恐怖の叫びを上げて逃げ回る必要はないのであるが。

このホウライエソのように、巨大なエモノを捕まえられる特殊な口や、よく伸びる伸縮自在の食いだめ可能な胃をもつことで、エモノの乏しい深海生活をなんとか生き延びようとする深海魚は多い。また、腹部には多数の発光器が並ぶ。これで下に向かって光を発することで、下から見られても体の影が見えにくくなり、**ほかの生物から姿を隠すことができるのだ**。これも多くの深海魚に共通する生きるための重要な機能なのである。

深度
500～2500m

体長
35cm程度

生息地
世界中の熱帯・温帯水域

「このキバは俺のすべてさ」

← 口を開けたときの姿

「メガデカイ」タラコくちびるのサメ

メガマウス

比較的浅い海に棲み、深海魚といえるかどうかはギリギリのラインだ。「ネズミサメ目」で、サメの一種なのに、**やたらと大きく丸みを帯びており、クジラのようでもある**。また、うっかり「マウス」を「ネズミ」の意味にとってしまいそうだが、もちろん「口」のほうだ。そう、メガマウスは化け物のように巨大な口をもつモンスター級のサメなのである。

口の周囲が銀色でタラコくちびるに見えるし、口と鼻の間には白いバンド状のものがあったりと、とにかく口が主役だ。しかし、だからといってそこに鋭いキバがのぞいているわけではなく、歯はきわめて控えめな数mm程度の小さなものである。メガマウスは、オキアミなど小さなプランクトンを食べて生きているのだ。思わず**「気は優しくて力もち」**系に分類したくなる。

このメガマウス、5〜6mにもなる巨大な魚なのだが、じつは初めて発見されたのは1976年と比較的最近であり、しかも世界中でまだ40匹ほどしか見つかっていない非常にレアな存在なのだ。

私たちにとってうれしいのは、日本での発見件数が10例ほどと比較的多いこと。メガマウスのなぞの解明における日本の活躍が期待されるというものだ。

深度
〜200m

体長
5m程度

生息地
太平洋、日本近海など

「日本のみなさん、
大好きですから」

ラブカ

数億年前より生きる古代のサメ

普通、サメの口といえば、顔の先端ではなく腹側についていて、ちょうど鼻の下を伸ばした男の顔のように見えるものだ。

しかし、ラブカはサメの一種でありながら口が真正面にある。しかも2mにもなる細長い体をくねらせて泳ぐ姿は**もはや龍《りゅう》か大蛇か、架空のモンスター**のようだ。

口は大きく、開いたなかには歯ブラシのように細かく鋭い歯が何百という感じでずらりと並ぶ。さぞかしなんでも食べ、なんでもかみ砕くのだろうと思わせるが、その歯は硬い殻などに対しては役に立たないようだ。

実際に食べるのはタコなどの柔らかい生物ばかりである。

そのような口周りの形から一般に、ラブカは数億年前の古代のサメに近い「生きた化石」といわれている。

が、よく調べるとその特徴はツノザメなどに似ていて、古代のものとは関係ないとする説もある。

また、**メスの妊娠期間が3年半に及ぶ**らしいのもおどろきである。妊娠期間がとくに長い生き物ではゾウがいるが、その2倍にもなる。いずれにしても、海のなかでラブカに出くわしたら、古代の生物との遭遇気分が味わえそうである。

深度
1300 m 程度

体長
～2m 程度

生息地
世界各地の海

「固いものは苦手なんです」

3本の「足」で、海底に立ちつくす亡霊

オオイトヒキイワシ

食べ物の少ない海底で、極力エネルギーを消費せずに暮らすにはどうしたらいいか？　おそらくなが〜い間悩んだ挙句、オオイトヒキイワシは、**海底にただ突っ立って**エモノを待つという方法をあみ出した。異常に長くなった胸ビレと尾ビレを3本の足のように使って、ただじっと、海流の流れに乗ってやってくるエモノを待ちぶせているのだ。

体長は40cm弱にしかならないが、極細の3本足は長いもので1m近くにまでなる。暗黒の深海で、3本の足でただひたすら立ちつくすその姿は、松葉杖をついてあの世から還ってきた**兵士の亡霊**《ぼうれい》のようにも見える。まるで前世の怨念《おんねん》を晴らすため、ひたすらなにかを待っているのかのように。

そしてふと口が開いてエモノを食べるのだ。しかも、雌雄同体のため1匹だけで子孫を残せるというウワサがある……。

オオグソクムシ

死肉に食らいつく深海の巨大なダンゴムシ

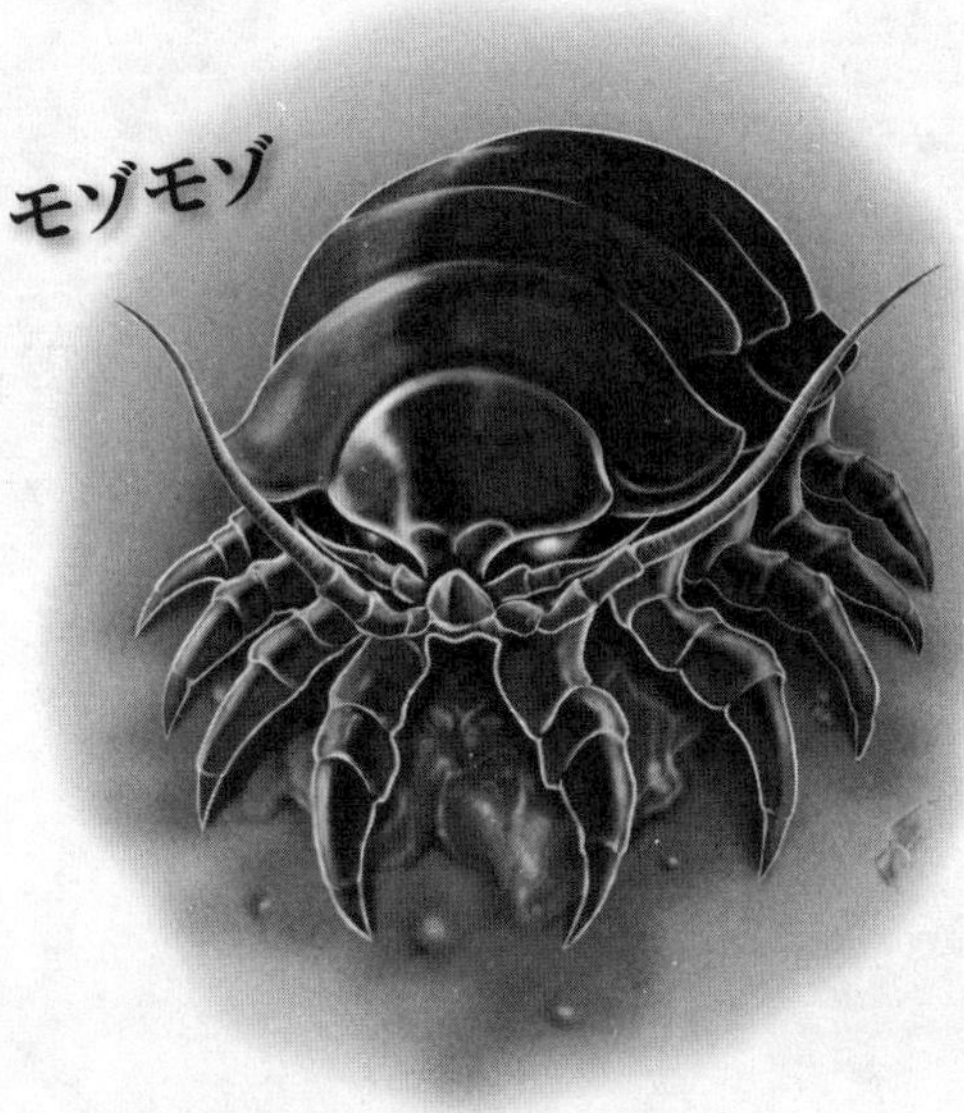

ダンゴムシなどと同じ等脚《とうきゃく》目に属する生物で、見た目も似ている。が、10cmを超える大きさになるので、**その気味の悪さといえば、ダンゴムシを軽く上回る。**

足の数はダンゴムシと同じ14本で、軽く丸まったりもする。そして地をはう姿もほとんど同じだ。

が、オオグソクムシは死肉を食べる。死んだ魚のなかに入って内臓をむさぼり食う姿を想像すると身震いがしそうだ。

が、これでおどろいてはいけない。深海にはオオグソクムシをさらに大きくしたダイオウグソクムシというのもいて、こちらはなんと40cmにもなり、等脚目の最大種である。

深海は、食べ物は少ないが、逆に敵も少なく、環境は安定している。そのため、長い年月をかけると、種によっては陸上以上に大きく進化できる場合があるのだ。

カッパクラゲ

気配を殺して忍びよるUFO姿の殺し屋

直径20㎝ほどの透明な円盤から12〜36本の細長い触手が垂れ下がった姿は、UFOか化け物のようで不気味だ。

カッパクラゲがその本領を発揮するのは狩りのときだ。彼らはほかのクラゲやサルパといったゼラチン質の生物を襲うが、戦闘態勢に入ると、まず触手を少しもち上げてカサの外側に広く配置する。

そうすると動いたときに生じる水の振動が緩和されるのか、エモノに接近しても、相手に気配が伝わりにくく、気づかれることなく襲えるのだという。

訓練された殺し屋のように油断のならないヤツであるいっぽう、ヨコエビが自分の頭の上に寄生するのは一向にかまわないという寛大さももち合わせている。

ちなみにカッパクラゲは、ソルミススという名の方で知られている場合も多い。

カブトウオ

ゴツイ顔だが、じつはおとなしい性格？

顔にはひびのような線が走り、ゴツゴツして怖そうだ。それが、まるでカブトをかぶったように見えるためにこの名がついた。

手入れが悪くて肌が荒れてしまったわけではない。ゴツゴツな雰囲気を演出している顔の線は「側線《そくせん》」といって水の圧力や振動などを感じとる神経のようなものだ。

側線の発達は、目の退化と関係しているらしい。つまり、側線が目の代わりの役割を果たしているのだろう。が、その本来の感覚器官としての役割にくわえて、**顔を怖くして相手を威嚇するためにあるのでは？**とも想像したくなる。

しかし、深海のほかの多くのイカツイヤツらと同様に、カブトウオも小さい。大きくても15cm程度にしかならず、プランクトンや小さな甲殻類を食べるばかりなので、威嚇する相手は残念ながらいないそうだ。

食に貪欲な深海生物ランキング5

深海は食の乏しい世界、そこで生き抜くために

深海で有効な「食いだめ大作戦」

生きるために食べるのか、食べるために生きるのかがわからなくなるほど、動物にとって生と食は密着している。それは深海の生物にとっても変わらない。深海は光が届かないために有機物が生成されず、食料が乏しいため、ほかの生活環境以上に食べていくための戦略が重要になってくるのだ。

その方法のひとつとして深海で広く採用されているのが、「食いだめ大作戦」だ。つまり、たまに大きなエモノにばったり遭遇したとき、その幸運を十分に活かすために、デカイエモノを飲み込んでそれを何日にも分けて食べるというワザである。

食いだめ王としてとくに名高いのは、体は細いのに、自分の何倍もあるエモノをすっぽり胃のなかに入れてしまえるオニボウズギスだ。エモノを平らげたあとには、別の生物かのごとく体積が何倍にもふくれ上がるのでびっくりする。また、フウセンウナギもすごい。巨大なアゴで大きなエモノを捕らえ、それを伸縮する胃のなかに押し込めば、それだけで数週間生き延びられるという。見た目もアゴにシッポがついただけのような雰囲気で、食にかける意気込みが伝わってくる。

Column

NAME	COMMENT
1. オニボウズギス	食い過ぎでお腹が破れそうとはこのことである　→80ページ
2. フウセンウナギ	1回の食事で数週間生きる。シンジラレナイ！　→100ページ
3. ペリカンアンコウ	体は小さいが、食べることへの熱意はビッグだ　→121ページ
4. ウリクラゲ	自分の2倍ほどの大きさのカブトクラゲを丸のみ　→126ページ
5. ヌタウナギ	クジラの死肉を頬張る姿は、ホラー映画さながら　→190ページ

量を食べる、はげしくがっつく

ランキングは、食いだめ能力を重視してすでに紹介したオニボウズギスとフウセンウナギを上位に挙げたが、同系統としては、ペリカンアンコウもよく知られている。

だが、欲張って大きなエモノを無理やり押し込んで死んでしまったというチョウチンアンコウの仲間もいるので、彼らには「無理はしないように」と注意を促したいところだ。

量もさることながら食べ方がすごい例としてヌタウナギも挙げておきたい。

ホースのような単純な形をしたこの生物は、アゴがなくてかめないために、舌を動かしながら弱ったエモノを食い破り、体ごとエモノのなかに入り食べ進めるのだ。エグくグロいが、深海で生きていくためにはなりふりかまってはいられない。

ガンコ

無精ヒゲとつぶらな瞳がトレードマーク

「お父さんに任せなさい！」

日本近海から太平洋岸、アラスカ湾にかけての20～800mの深海にいる。頭の上を広くおおうボコボコとした突起と、アゴやほお全体をまばらにおおうヒゲのような長い突起が異様である。

しかも頭部が、上から大きな石でも落とされたかのように偏平な形をしていて、一筋縄ではいかない曲者《くせもの》風な容姿だ。

修羅場を越え、もはやなにものにも動じないかのようないかめしいツラと、何カ月もほったらかしにした無精ヒゲ風の突起が、ガンコオヤジのようでもあるため、こんな名前になったのであろうか？ **「なんて安直なネーミングなんだ……」** という気もする。が、ちなみに漢字では「雁鼓」というなかなか風流な字が使われており、なぞは深まるいっぽうだ。

ちなみにガンコはカサゴ目に属し、一部では鍋料理などに使われ、美味だという。

長いムチ状の体で、波打って駆け回る
シギウナギ

「仲間は多いほうがいいよ」

この魚はやたらと細長い。ウナギと名がつくものの、普通のウナギなんてくらべものにならないぐらいの細さで、しかも１～２ｍぐらいの長さにまで成長する。

海中で波打って泳ぐ姿は一見ヒモかムチのように見える。調査船などからひんぱんに見られるようなので、**かなりの数が生息していると思われる**が、こんな意志のあるムチのような生物がビュンビュン体を振りながら周囲を取り囲んできたりしたら、体をしばり付けられるかもしれないという恐怖で、凍りつきそうである。

シギウナギが不思議なのは、細長い体だけでなく、その細長で反り返った口だ。エモノとなるエビなどにそれを引っ掛けるらしいが、そこからエモノの体まで絡め捕るとすればとんだ器用者だ。肛門が胸ビレのすぐ下、つまり頭のそばにあるのも興味深い。

生きた化石は人類の祖先!?

シーラカンス

「変わらないねってよくいわれます」

化石としてのみ知られていたシーラカンスが生きた状態で見つかったのは1938年、南東アフリカ沖でのことである。それ以降「生きた化石」として世界中で知られるようになっていった。

シーラカンスは、体長1～2mで100kgをも超える巨大な魚であり、骨格のしっかりとした腕のようなヒレをもつ。その巨大さとごっついヒレは怪獣のような迫力で圧倒するが、じつはシーラカンスのこのヒレこそが、人間の手足の原型とされるものなのだ。

この筋肉質な柄のついたヒレを使って地面をはい、陸へと道を切り開いていったものが、**私たち陸上のセキツイ動物の祖先**なのである。そう考えると、シーラカンスが急に身近に感じられてくる。そして、よくぞここから人間にまで進化したものだとおどろかされるのである。

バケダラ

なぞに包まれた深海のヒトダマ

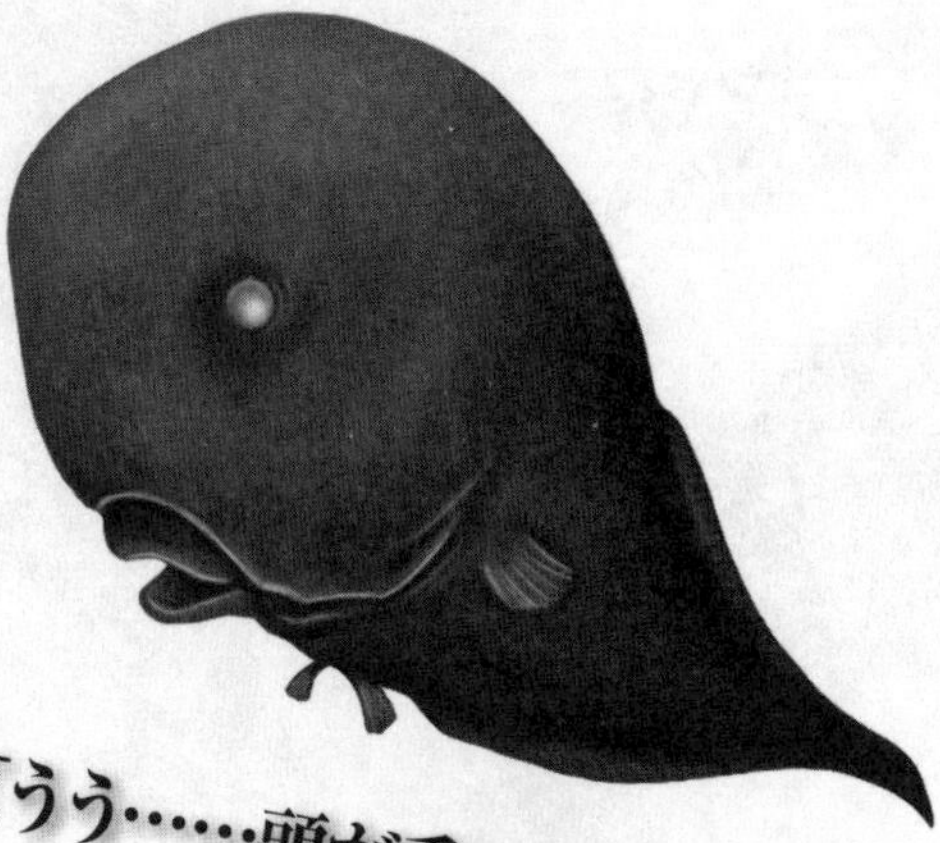

「うう……頭が重い」

オタマジャクシのお化けか、それともヒトダマか？

ころころした黒いラグビーボールからシッポが伸びているような奇妙な外見は、あの世からやってきた化け物のようでもあり、**愛くるしいぬいぐるみ**のようでもある。

古典的なお化けっぽい見た目から「バケ」とついたんじゃないかと考えられるが、バケダラも名前のとおりタラの仲間。

タラ目最大のグループであるソコダラ科に属するが、そのなかでもやはり変わりモノのようだ。ソコダラ科のなかで唯一背ビレがひとつしかない種として知られる。ちなみに体長は35cmほど。

しかしほかのタラから離れてなぜこんな形になったかは、どうもわかっていないようだ。こうも**頭ばかりが大きくては**、泳ぎにくいような気がするのだが……。

大きすぎるキバはもろ刃の剣

ヒガシホウライエソ

「俺のキバが
見えなかったかい？」

この魚は、名前のとおりホウライエソの仲間で、とくに太平洋に多く分布する種である。口のなかに収まりきらない長く鋭いキバと大きく開く口があまりに強烈で、それに襲われる夢でも見てしまいそうだ。この口をまねたホラー映画のキャラクターなどがいてもおかしくない。

下のキバは異様に長く、目のすぐ隣にまで迫っている。ちょっと口をひん曲げて麻生太郎氏の物まねでもしようものなら、自らの目を突き刺してしまうだろう。

しかも、欲張って大きすぎるエモノに食いついたら、**食い込んだキバが抜けなくなり**、放すことも、のみ込むこともできなくなってしまうという。つまり巨大なごちそうを顔の前に貼りつけた状態でそのまま餓死《がし》しちゃうという笑うに笑えない状況に陥る危険性をもっているのだ。

ヘビトカゲギス

飛び出るアゴや発光器。戦闘準備は万全？

見た目の恐ろしさをくらべるなら、こいつを忘れてはなるまい。恐怖系深海魚おなじみのイカツイ顔に、いつでもエモノに飛びかかれそうな**鋭い歯と大きなアゴ**。

しかもアゴの下にはエモノをおびき寄せる発光器をもち、そこにまんまとエモノが寄ってきたら、アゴが前に大きく飛び出て、そのままパクリだ。ヘビトカゲギスはそのようにつねに戦闘態勢の、いつでも襲いかかってやるぞ系である。

体の表面全体には光沢のある六角形の組織があり、その上を透明なウロコがおおっている。一見頑丈そうだが、ウロコは剥《は》がれやすいらしい。**防御にはまだまだ改善の余地あり**だ。また、頭などに多数の発光器をもつ。

ちなみに、ヘビトカゲギスはワニトカゲギス科に属する。ヘビとかワニとかややこしいが、強そうであることは確かだ。

ムネエソモドキ

海中を漂う「深海のミイラ」

「太れない体質なのよ……」

全体的に骨ばっていて、非常にギスギスした雰囲気のする魚だ。

目がギョロリと大きく目だち、ほおのラインがシャープだというぐらいはまだ、**モーレツにダイエット敢行中の女性モデル**ぐらいなので理解できる。が、体の後ろ下方、尾ビレの根元あたりが透明で、なかの骨が透けてみえてくるのは、やりすぎだろう。

その姿を見ると、まるで「泳ぐ骸骨《がいこつ》」、もしくは「深海のミイラ」のようである。ちなみに大きさは5cm程度と小さい。

とはいえもちろん、**すでに死に体**、というわけではない。腹部には下向きの発光器を10個ほどもち、それを利用して外敵から自らの姿を隠すことにも余念がない。

ガイコツのような風貌も、すでに死んでいると思わせるための高度な防衛戦術なのかもしれない？

72

深海にうごめく地球外生命体!?

ムラサキカムリクラゲ

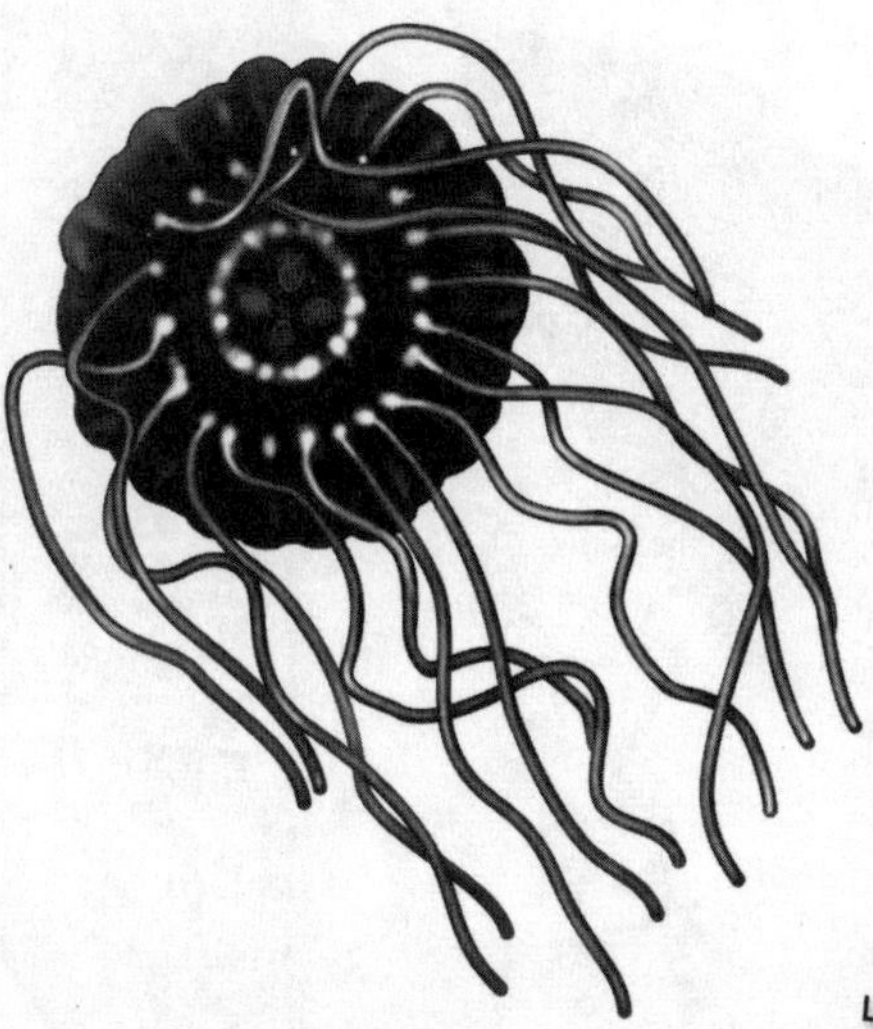

「……おどろいたろう？」

透明な体から伸びる約20本の赤い触手を自在に動かし、スカート状の部分を規則的にひらひらさせながら水中をさまよう。その姿は、地球外生命体といわれても納得してしまいそうなぐらい見慣れない。また、**ハデ好きで大柄なおばちゃんが民族ダンスを練習する様子**にも見えなくはない。いずれにしても、深海で注目を集める独特なルックスである。

このムラサキカムリクラゲの触手にはじつは1本だけ長いものがあり、泳ぐときはそれが体からだらりと垂れている様子が見てとれる。長年、この長い触手の役割は不明なままだったが、潜水調査船による観察で、それを使ってシダレザククラゲを捕まえているところが確認できた。

垂れているだけに見えるものが攻撃用だったことは、研究者たちをおどろかせたようだ。恐るべし触手である。

なぞの巨大なメダマをもったイカ

メダマホウズキイカ

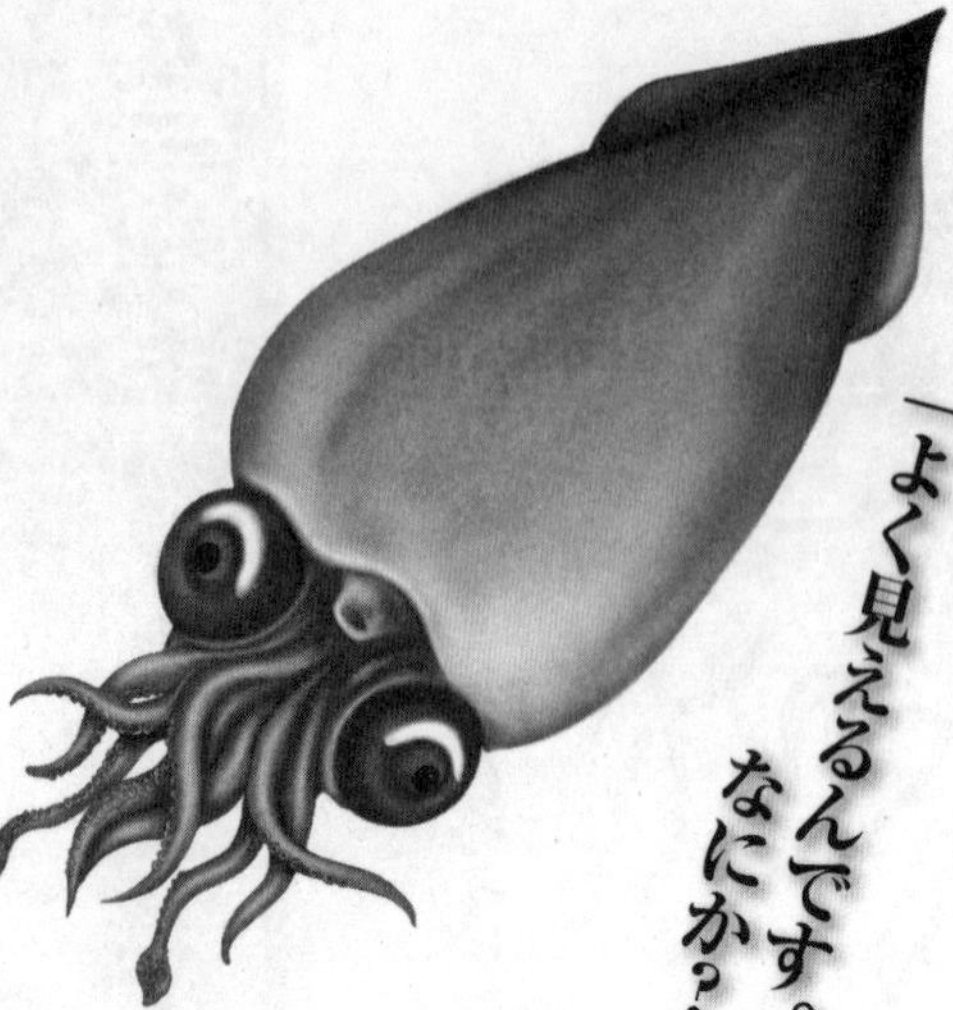

「よく見えるんです。なにか?」

けっして、相手を笑わせることが攻撃手段なわけではない。

本人はいたって真剣、このアニメのモンスターのような巨眼の風貌は、厳しい環境で生き抜くための進化の結果なのだ。

ぱんぱんにふくらんだ体のなかには、塩化アンモニウムが詰まっている。塩化アンモニウムを含んだ体液は海水よりも軽く、これが〝浮き〟となるのである。目がどうしてあんなに大きいのかはよくわかっていない。ただ、その目の下にある発光器は、その光によって、大きくて目だちすぎる目の影を消すためについていると考えられる。

しかし、斜め下を見るときに邪魔にならないように腕をもち上げる姿勢は、「Jポーズ」という**戦隊モノのヒーローの決めポーズ**のようなネーミングで呼ばれている。やっぱり笑われる運命にあるのかもしれない。

2章
必殺ワザをもつヤツら

Specialty

オオクチホシエソ

赤い光と大きな口で深海を震撼させる

長細い筒のような魚雷《ぎょらい》型の体、目の下の赤い発光器、鋭い歯と底の抜けた下アゴの大きな口、そして大きな目……といった具合に、オオクチホシエソは個性的な風貌をしている。そしてどの特徴も、**つねに戦闘態勢の超攻撃的な魚であること**を想像させる。

　それらの特徴のなかでもとくにすごいのは、目の下にそなえる赤い光の発光器である。おそらくエモノを探すのに使われていると想像されるが、赤い光というのが深海では強力な武器になる。というのも、一般に赤い光は深海には届かないため、多くの深海魚は赤い光を見られる目をもっていない（普通深海魚が出す光は青白いか緑が多い）。つまり、オオクチホシエソは、赤い光を出すことによって相手には感知されずにエモノを探すことができるのではないか、と考えられているのだ。軍の特殊部隊などが夜間に敵を見つけるために使う**赤外線スコープみたいなもの**である。

　そうやってエモノを見つけたら、魚雷型の体で一気に突進。そして鋭い歯と、底が抜けて水の抵抗を受けにくい大きなアゴで、襲いかかるのだろう。何段階にもすごい攻撃手段をもち合わせていて、ほかの魚からしてみれば、狙《ねら》われたらあきらめるしかない、極力出会いたくない相手だ。

深度
500～3900m

体長
20cm程度

生息地
世界各地の海

「赤い光がボクの武器さ♪」

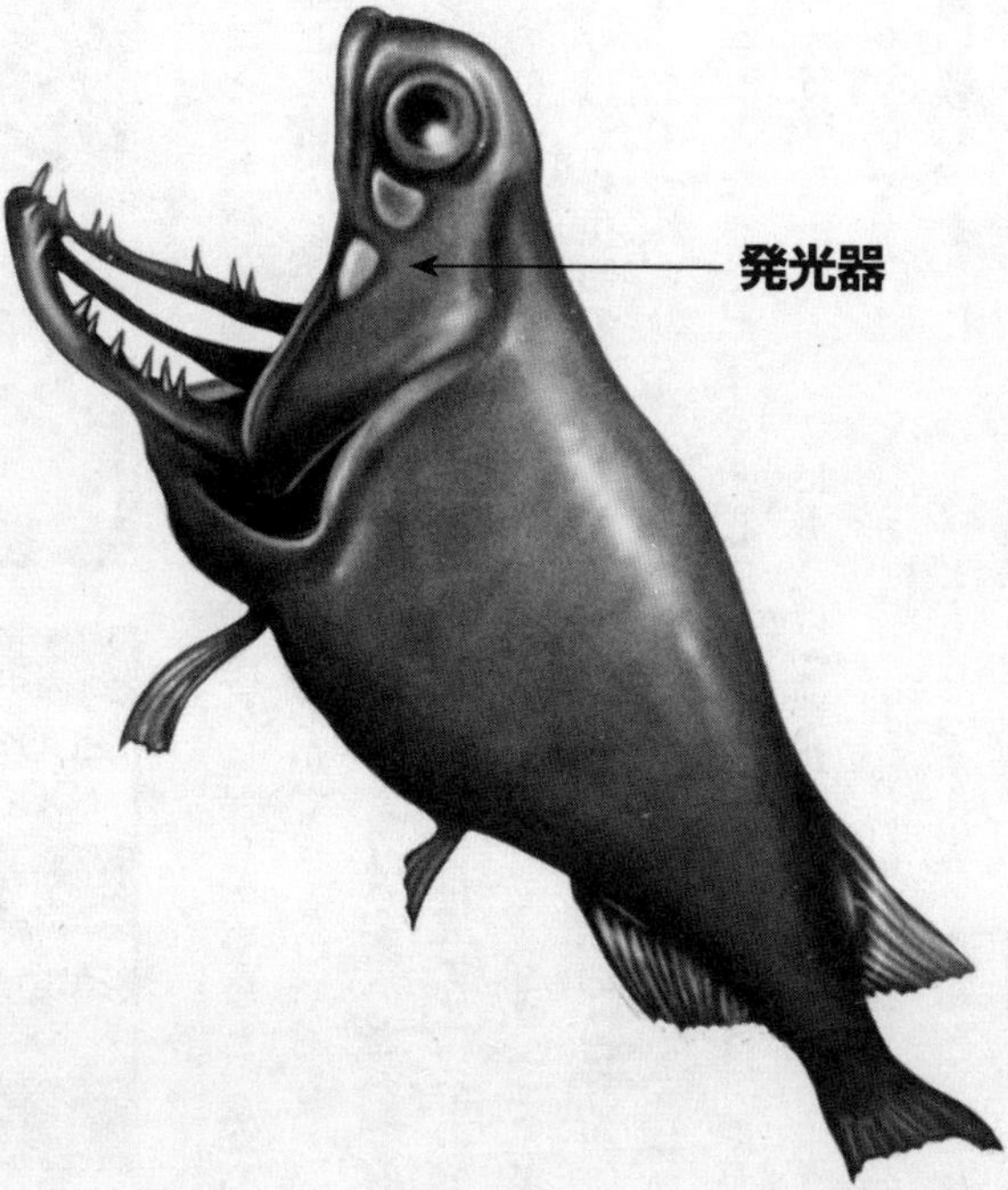

ほかの生物の体を家にしてしまう裏ワザ

オオタルマワシ

オオタルマワシはエビやカニと同じ節足動物である。見た目も透明なエビっぽい。が、その生態はとてもユニークだ。なんと自分で巣を確保してそのなかで暮らすのである。

しかも巣となるのは、ホヤの仲間であるサルパやウミタルの外皮、つまりほかの生物の体なのだ。オオタルマワシは、まずそれらの生物を襲って、中身を食べ、空洞となったゼラチン状の外皮のなかに住みつく。

「てめー、コノヤロウ、この家はいただきだ!」と、**家主をむしゃむしゃと食い殺し**、そこに住み込んでしまうのだから穏やかではない。

しかし、オオタルマワシもそうやって必死に安全な場所を確保してやっと、安心して卵を産んで子育てができるのである。

その「樽」のような家のなかで卵を育てるが、オオタルマワシはときにその樽の外に出てそれを押しているという。その姿は、「まるで**乳母車《うばぐるま》を押す母親**のようだ」ともいわれる。強奪した家で子を育て、しかも乳母車として活用するしたたかさは、やがて子どもにも受けつがれていく。

が、家の利用法はまだ終わらない。

子どもたちが大きくなると、最後には家を食べ、余すところなく利用してから立ち去るのである。

深度
200〜1000m

体長
2cm程度

生息地
北西太平洋、オーストラリア近海など

「乗っ取りだなんて人聞きの悪い……」

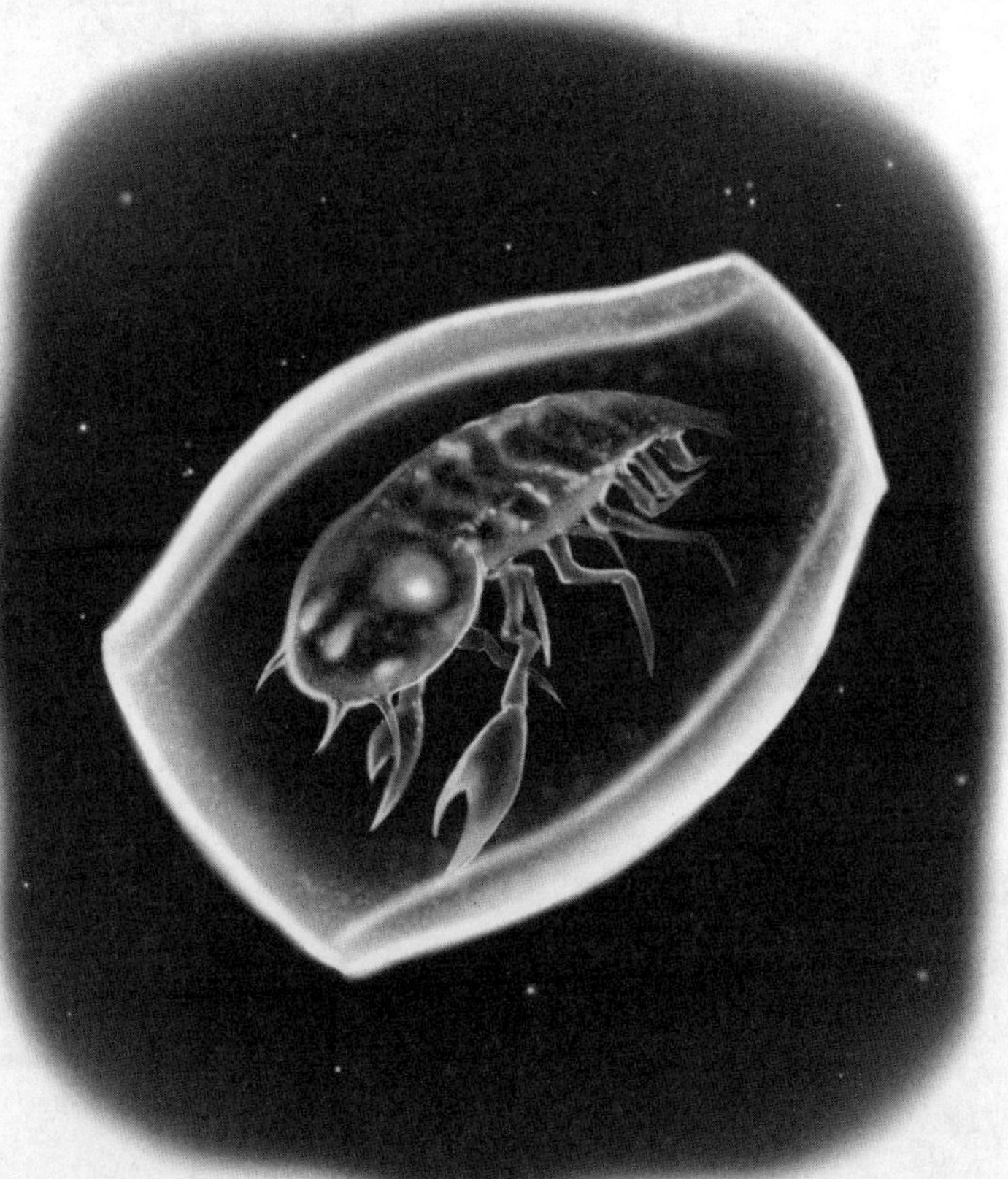

オニボウズギス

深海が誇る驚異の胃袋、大食いチャンピオン

深度
200～1000m

体長
15cm程度

生息地
世界各地の海

深海で大食い大会を開いたら、戦いは壮絶になるはずだ。自分と同じ大きさの魚を丸のみするなんてのは当たり前、自分の2倍のサイズのものをゴクリとやらないと上位には食い込めない。**人間が3mあるイルカを丸のみ**するようなものだ。

自分より大きな魚をのみ込んだら胃のなかで暴れられ、食った魚のほうが死に至ったというケースもあるようなので、大食いも命がけ。そんななか、チャンピオンの座をほしいままにすると思われるのがこのオニボウズギスだ。ほかの大食い仲間が、「わかった、もう俺の負けでいい。だからやめたほうがいいよ、オニボウズギス君！」と止めたくなるほど、胃が異常なふくらみ方を見せる。オニボウズギスは、**自分の何倍もあるエモノを胃に収めることができる**のだ。

もともと体は細いし、どうして一度にそんなにたくさん食べなければいけないのかと考えてしまうかもしれないが、深海ではエモノを見つけるのは容易ではない。だからたまに巡り会う大物を胃に収め、それでしばらくの間生き延びること、すなわち食いだめは、生存のための重要な能力なのだ。

ただ、大物捕獲後しばらくは、体が重くなりすぎて、次の狩りに影響が出そうだ。

「このくらいのエモノならちょろいものさ」

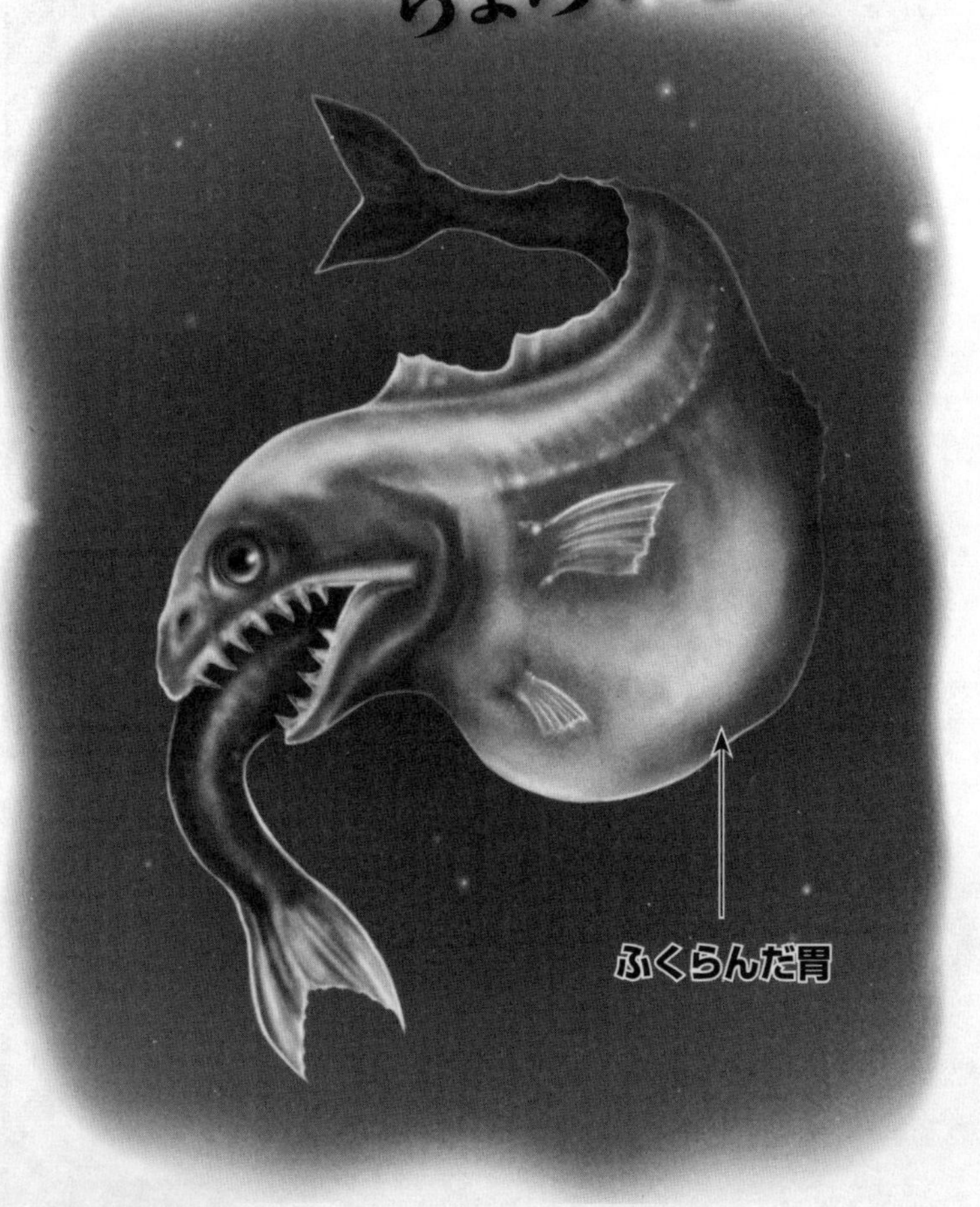

20億年前からやってきた「地獄の使者」
コウモリダコ

学名は直訳すると「地獄からきた吸血イカ」となるが、コウモリダコは、イカでもタコでもない。が、両者に共通する祖先なのではないかと考えられている。じつはコウモリダコは、シーラカンス同様「生きた化石」として知られ、その起源はなんと20億年前にまでさかのぼるというのだ。

「吸血」するわけではもちろんないが、体全体が血のように赤くなることにその名は由来するのだろう。その鮮血色はどんよりした暗黒の深海を**小悪魔的な美しさで彩る**だけでなく、コウモリダコの生命維持にとっても重要なのだ。この赤色の色素は呼吸に役だち、酸素の少ない深海の水から効率よく酸素を抽出する働きをするという。

背中には、フィラメントと呼ばれるヒモのような感覚器官が2本あり、それをコイル状に巻いたり、伸ばしたりする。それに触れさせることで、エモノを捕らえるらしい。

逆に敵から身を守るときは、**マリリン・モンローよろしく**スカート状の腕を大胆にまくり上げて頭をおおう。すると内側から多数のトゲ状のものが姿を現わし、身を守るのだ。「地獄からきた」魔性の女、本性を現わすといったところだろうか。生命維持、攻撃、防御のすべてに独特な技をもっている。

深度
650～1500m

体長
30cm程度

生息地
カリフォルニア、ハワイ、太平洋、大西洋

「死の舞いを踊りましょう」

ザラビクニン

海底で逆立ちする「深海の尼さん」

深度
200〜800m

体長
30〜40cm程度

生息地
日本海、オホーツク海

ザラビクニンは、巨大なオタマジャクシ的風貌でまず目を引くが、とくに興味深いのはその逆立ちポーズ。エサを探すときなどに、頭を地面に向け、尾を上に向けた格好で泳ぐのである。そのポーズのとき、顔の後ろから伸びる**胸ビレが地面にくっついている**が、じつはそれは触手のように変形していて、それを手のごとく使ってエサを探している。しかも、その胸ビレの先には味覚器官まで備えていて、触ると味までわかるらしい。

その姿は一見、落ちたコンタクトレンズを「やべえ！」といって必死に探す人のようにも見えるが、この方法によって、真っ暗な海の底でも**手探りと味見**をしながら、ちゃんと必要なエサを探り当てることができるのである。かなりの高等テクといえるだろう。

体は、ほんのりピンク色で、ゼラチン質の皮膚でおおわれている。触った感触はザラついたコンニャクのようらしい。そこから「ザラ」の名がついたのかもしれない。では、「ビクニン」はどこに由来するのかといえば「比《び》丘尼《くに》」、つまり、尼さんのようだ。つるりとした頭が白い頭巾をかぶった尼さんっぽいということらしいが、ヒレまで改造して貪欲にエサを探すその姿を見ると、煩悩を捨てた尼さんへの道はまだまだ遠そうだ。

「おいしいもの
落ちてないかな〜」

ゾウの鼻(?)を使って貝をとる

ゾウギンザメ

深度
250m 程度

体長
1.2m 程度

生息地
オーストラリア、ニュージーランドなど

ギンザメの仲間はとてもたくさんいて、それぞれ個性的な姿をしているが、そのなかでもとくにゾウギンザメは独特な風貌で知られる。名前のとおり、**顔の先端がゾウの鼻**のように垂れ下がった（下に曲がった）かなり特異な姿をしているのだ。しかもその「鼻」のすぐ下には口が開いていて、なかにはウサギのような前歯がのぞいている。目も大きくてかわいらしく、顔だけを見ていると本当に耳のないゾウのように見えてくる。でももちろん体は思いっきりサカナ風。銀色に光り、ところどころに黒く煤けたような斑点がついている。左右に大きく伸びる胸ビレが、とくにギンザメらしい。

と、ひととおり紹介したが、その特徴のふにゃりと曲がった「鼻」はなんなのか。ゾウギンザメはおもに貝をとって食べる。その貝を、平たい歯と強いアゴを使って砕き、食べるのだが、つまりゾウギンザメにとってこの鼻は、まさに**鋤《すき》か鍬《くわ》のような道具**なのだ。しかも、この鼻の先端は、弱い電気や振動を感知できる感覚器にもなっている。

鼻こそが命、というほど鼻を存分に使って、曲がったその鼻先で、大陸棚のような場所の海底の泥を、エッサエッサと掘り起こし生きる様子もまさにゾウのようである。

「エサ掘りするゾウとはおいらのことさ」

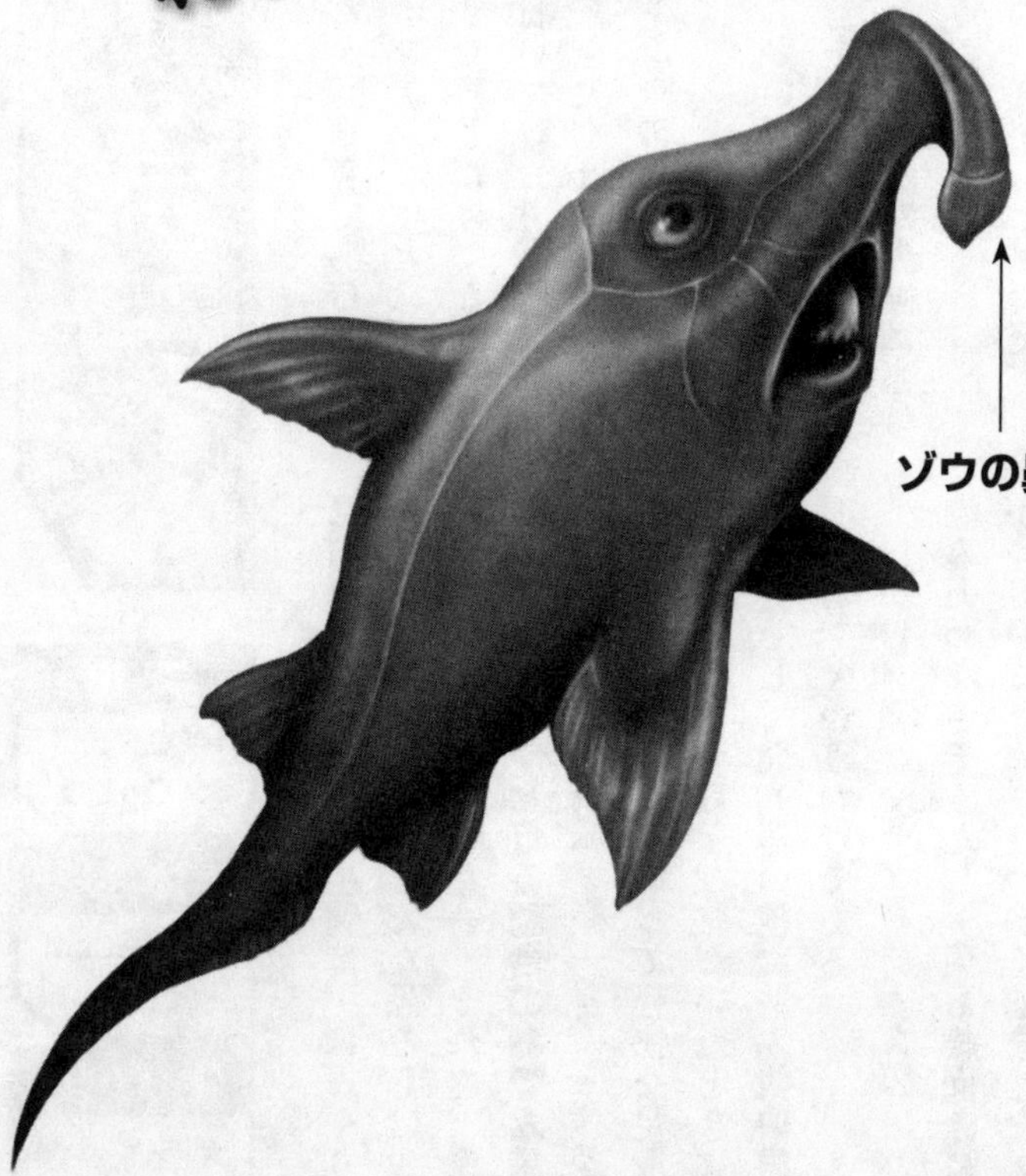

口のなかで光る発光器でエモノをおびき寄せる

タウマティクテュス

深度
1400～3500m程度

体長
10～30cm程度

生息地
大西洋、インド洋、太平洋など

アンコウの仲間であるが、細身であるところからして丸いチョウチンアンコウとはイメージが異なる。やせ細った感じだけでなく、鳥の羽のようなヒレが付いていたり、上アゴが、下アゴとのバランスを欠くほど大きく張り出していたりと、アンコウのなかでも異彩を放っている。

　しかし、最も大きなちがいは、エモノをおびき寄せるための発光器を口のなかにもっていることである。長くとがった歯の裏側に秘密兵器を隠しもっているのだ。

　発光器は口のなかに隠れているとはいえ、もちろんちゃんとほかの生物から見えるように口を開く。ほかの生物は、ぼんやりと光る発光器の光がまさかこんな恐ろしげな魚の口のなかとは思いもしない。それを、**まるで暗闇のなかにぽっと灯る屋台のおでん屋**の明かりかなにかとまちがえ、「お、ちょっと一杯やってくか」なんていって軽快な足取りで近寄っていく。すると、気づいたときには口のなか。そして発光器の横に並ぶ**鋭い歯の餌食《えじき》**となる、というわけである。

　しかし、タウマティクテュスのアゴは上下噛みあわなさそうだし、歯も横向きにひん曲がっているため、せっかく捕まえたエモノをちゃんと噛めるのかが少々気になる。

「こっちにおいで……
怖くないから」

ダルマザメ

スプーンでえぐりとるようにエモノを食う

英語名でクッキーカッター・シャーク。それはこのサメ独特の攻撃方法に由来する。まるで**「クッキーの型抜き」**のようにエモノの肉をえぐりとるのだ。が、実際はクッキーの型抜きより、アイスクリームをすくう半円状のスプーンのほうが近いだろう。

ダルマザメは、そのユニークな攻撃方法のために下アゴの歯のみが大きく鋭く発達している。まず、小さな歯が並ぶ上アゴをエモノの体に押し付け、その上アゴを軸に、まるでアイスクリームをすくうようにぐっと下アゴを回転させてエモノの肉に食い込ませる。そして肉が切り取れるまで歯を突き通すのだ。するとエモノの体に半球状の穴が残される。この方法によって、クジラやマグロなど、大型の生物のみを襲うのだ。**襲われた生物には、きれいに穴が残る**のですぐにわかる。

ところで、日本語ではなぜ「ダルマ」という名がついているのだろうか。足がないから、じゃないだろうし、エモノに残った半円の痕《あと》が丸いからダルマっぽい、というのも無理やり感が否めない。とすれば、首らしき部分についているバンド状の黒い模様だろうか。

これによって白い「顔」が黒い部分に囲まれてるように見え、そこがダルマの顔っぽいといえないこともない。が、正解は不明だ。

深度
85～
3500m

体長
50cm程度

生息地
全世界の温帯・熱帯海域

「肉を食いやぶって、穴を開けるぜ」

多機能な釣竿を深海で振り回す
チョウチンアンコウ

深海魚といえば、このチョウチンアンコウを思い浮かべる読者も多いかもしれない。チョウチンアンコウは、見た目をとってもエモノの捕り方にしても、**「キングオブ深海魚」**といった風格がある。

イカツイ顔とゴツゴツして見える体は、それだけでインパクト大だが、さらにすごいのはチョウチンアンコウの釣り技術である。

チョウチンアンコウの頭には、イリシウムと呼ばれる釣竿《つりざお》のようなものがついている。

エモノをおびき寄せるこの装置をもつ魚はほかにもいるが、チョウチンアンコウのそれは、ほかの魚のものにくらべてやたらと多機能にできている。その先端から突起やら触手やらが複数伸び、その先に発光器を装備し、しかも発光液なんてものも出る。

発光器を揺らしてエモノをおびき寄せ、相手が近づいたところで**発光液をふん射して目潰し**。そしてそこを「パクリッ」だ。装備に不足はない。

しかしこのような攻撃ができるのはメスだけというのも特徴的だ。もともとメスしかイリシウムをもっておらず、そのうえオスはお話にならないぐらい小さく、ただ精子提供に専念するばかりだ。深海のカカア天下ここにあり、というわけである。

深度
1000～2500 m

体長
30～50cm程度（メス）

生息地
大西洋、インド洋、太平洋

「狙ったエモノは逃がさない！」

チョウチンハダカ

光を感じることに徹した板状の目が自慢

深度
1400～
5000ｍ程度

体長
15cm程度

生息地
大西洋、
インド洋、
太平洋など

深海は暗い。光量は水深200ｍで海面の1％、1000ｍ以下ではほとんど完全な暗闇になる。だから一般に、深海では目の存在意義はそれほど大きくない。

しかしチョウチンハダカの目は、**頭の大部分をおおうガラス板**のようで、大きく、インパクト大である。ほかの部分がほとんど記憶に残らないぐらい、読者もこの目に釘付けのはずだ。チョウチンハダカの体長は15cm程度で、海底にじっとしている……などと紹介しても、「そんなことはどうでもええ。それよりあの目はどうなってるんじゃい!?」と叱責の声すら聞こえてきそうである。

だがその目、デカイわりには、それほど高性能というわけではない。真っ暗な深海であまりハイテクな目を開発しても、そんなに役だたないことをチョウチンハダカはわかっていたのだろう。目でしっかりと物の形を見ることはあきらめ、とにかく**わずかな光でも感じ取ることだけ**に徹したようだ。そのために、水晶体をなくし、ただの板のような目ができあがったと考えられる。その独自の集光技術は、ほとんど光のない水深5000ｍという深海ワールドでは貴重なはずだ。それがあるからこそ、底に横たわって地味に暮らしながらもエサを見つけられるのだろう。

「水晶体はないけど、よく見えるのよ」

ガラス板のような目

生き延びるための発光が、深海を美の世界に
輝いている深海生物ランキング5

威嚇、誘惑、潜伏。多様な発光理由

本書の各生物にも見られるように、深海生物には、自ら発光するものが多い。自分の姿を隠すため、敵を威嚇するため、エモノをおびき寄せるためなど、その発光理由はさまざまだ。とくに、姿を隠すために発光する魚は多い。たとえば、恐ろしい顔をしたホウライエソのように腹部に複数の発光器をもつものが代表的で、それらを発光することで、下から見たときにできるはずの自分の影を消すという方法だ。

いっぽうでギンオビイカは、敵を威嚇するために光る液体を吐く。チョウチンアンコウなどはイリシウムという釣竿状の突起の先に発光器をつけてエモノをおびき寄せる。また、ニジクラゲにいたっては、敵に襲われたとき、自ら自分の腕を切り落とし、それを発光させ相手の注意をそらして逃げるのだ。

真っ暗な深海のなかでは、光は使い方次第で思わぬ役目を果たすのである。

発光によって自らを美しく演出する

このようにそれぞれのっぴきならない事情があって発光するわけだが（発光理由がわからない生物も多いが）、その光が同時にその

Column

NAME	COMMENT
1. ユメナマコ	深海のプリンセスといったセレブな輝きが魅力　→154ページ
2. キタノスカシイカ	透明な体の表面で輝く赤や黄色の玉模様も見事　→130ページ
3. カリフォルニアシラタマイカ	発光器が、イチゴの種のように全身をおおう　→163ページ
4. ジュウモンジダコ	「スカート」の裏に隠しもつ「光る吸盤」が美しい　→138ページ
5. ホタルイカ	海面に集団で作る光は天然記念物に指定されている　→168ページ

生物自らの姿を美しく浮き上がらせもする。その美しさでランキングを決めてみた。

栄えある1位は、ユメナマコ。けっして派手にピカピカ光るわけではないのだが、ワインレッドの体を美しく艶《なまめ》かしく際立たせる品のよい発光方法が、深海発光界のなかでも一際見事である。

次に推したいのはキタノスカシイカ。透き通った体のなかで唯一透明でない目を隠すために発光する。その光が透明な皮膚を映し出した姿はまるでガラス細工のような美しさを演出する。いっぽう、ちょっと変り種のカリフォルニアシラタマイカは、周囲の明るさに応じて調整可能な多数の発光器を体全体にちりばめている。イチゴのような自らの体をさらに美しく見せることができるのだ。もちろん目的は美の追求ではなく、外敵から姿を隠すことなのだが。

馬ヅラに秘められたおどろきの裏ワザ

テンガイハタ

テンガイハタは、銀色に光る体と赤く縁取られたたてがみ風の背びれが特徴のめずらしい魚だ。大きいものでは体長3mぐらいにまでなるという。その細長く美しい体から英語では**リボンフィッシュ**などといわれる。

発見されることのめずらしい魚であるため、その生態はくわしくはわかっていない。が、なんといってもおもしろいのは、その伸びる口だ。普通は魚らしい顔つきなのだが、口を開くとくちびるが斜め下にぐぐっと伸びて、**一気に馬のような顔になってしまう**のだ。しかもコンパスで書いた大円のような目が手伝って、ずっと見ているとだんだん魚とは思えなくなり、せっかくの美しさも、その奇妙な馬ヅラの影に隠れてしまう気がする。

テンガイハタは、おもにエビなどの甲殻類やイカを食べると考えられているが、それらのエモノが近づいてきたらいきなりこの口を伸ばすのだろうか。人間のみならず、ほかの魚からもまったく予測不可能と思われる口の伸び方なので、相手もおどろいているうちに食べられてしまうのかもしれない。

ちなみに、テンガイハタはアカマンボウ目に含まれる。ところでこのアカマンボウ目は、マンボウがどうというよりも、奇怪な見た目の魚が多い気がするのだが。

深度
100～
600m

体長
3m程度

生息地
太平洋、
大西洋、
地中海など

「馬ヅラだなんて、失敬な！」

巨大なアゴで一獲千金を狙う

フウセンウナギ

巨大な口がやたらと目だつこのフウセンウナギは、食料の乏しい深海で、大きなエモノを捕らえて食いだめする戦略をとってきた。胃を伸縮し、大物をゲットできれば1度の狩りでなんと数週間も生き延びられるのだ。

そのギャンブラー的ライフスタイルを支えるのは、巨大なアゴである。これはけっして頭全体が肥大しているわけではなく、あくまでもアゴだけが大きくなっている。いうなれば、**アゴだけが頭の3、4倍大きくなった状態**というところだろう。そのアゴによって口が大きく開き、なんでものみ込んでしまえるほど大きな空間ができるのである。

エモノ獲得にもうひとつ重要なのが、シッポの先にある発光器だ。これが釣りのルアーの役目を果たし、エモノをおびき寄せる。頭とは真逆のところにあるものの、ここに近づいた生物は、一瞬で巨大なアゴの餌食となり、伸縮自在の胃のなかで、何週間になるかわからない最後の日々を、死刑囚のように戦々恐々と過ごすはめになってしまうのだ。

しかしこのフウセンウナギも、老化には勝てない。年老いるとアゴが退化して、別の生き物のように姿を変える。とくにオスは、その後、今度は嗅覚《きゅうかく》と目が発達しだし、メス探しに残りの生を賭《か》けるようになるという。

深度
2000～3000m

体長
1～2m程度

生息地
大西洋、インド洋、太平洋

100

「食いだめならお手のもの！」

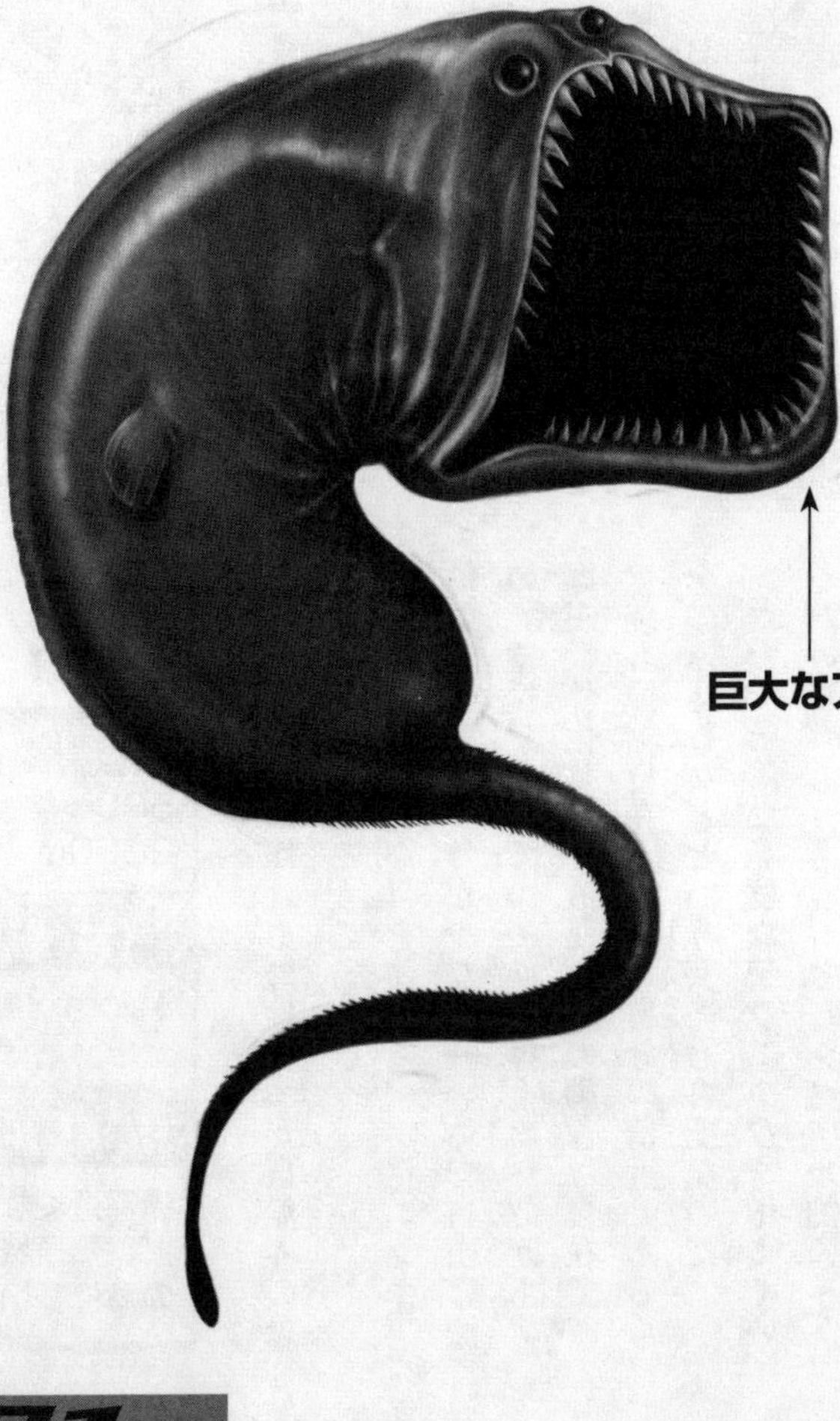

望遠レンズ内蔵のカメラマン

ボウエンギョ

深海には、まったく視覚を捨ててしまった魚もいるのに、視覚こそが命だと目をはげしく発達させるものもある。後者の代表格がこのボウエンギョといえよう。

「おたくはキャノン？ それともニコン？」などと聞いてみたくなるほど、ボウエンギョの目は、**別売りのレンズをあとからつけたような雰囲気**である。おもに遠くを見ることが目的の望遠レンズには、長い焦点《しょうてん》距離が必要である。それを確保するためにボウエンギョの目は前に飛び出ているのであるが、それはカメラと同じ理屈だ。しかし、ほとんど真っ暗闇のなかで、わずかな光ももらさず拾うようなレンズが作れるのはさすが自然界の驚異といったところだろう。

このハイテクな目を使って、ボウエンギョは勇敢に戦う。骨が少なく軽い体で自由に漂い、望遠レンズでエモノを捕える。しかもアゴが軟骨化しているため口の動きは自在で、胃袋も伸縮自在。だから自分の倍近くある魚をのみ込むなどという芸当も可能なのだ。

ただ、そんな**高度なテクニック**を備えているだけに、もうちょっとビジュアル的にイケていればと、少々残念ではある。自慢の望遠レンズがどうしても、キテレツ大百科の勉三さんとダブってしまうのだ。

深度
500～2000m

体長
10cm程度

生息地
赤道近くなど、熱帯域の海に多い

102

「この目に見えぬものはない！」

104

死んだクジラの骨から養分を吸い出す

ホネクイハナムシ

深度
200～250m

体長
～20mm程度

生息地
海底に沈んだクジラの死体

クジラが海で死ぬと、その死骸は海底に沈んでいくが、食料の乏しい深海で生きる多くの生物にとってクジラの死骸は、「棚からぼた餅」なんてもんじゃない莫大《ばくだい》な恵みとなる。

とくにクジラの骨格の周りにはここぞとばかりにさまざまな生物が集まって独特な生態系を生じさせる。その生物の集まりには「鯨骨《げいこつ》生物群集」という特別な名前までついているほどだ。1頭のクジラが完全になくなるまでには何十年、大きいものの場合は1世紀もかかることがあるというのだから、たとえるなら、**日本全体に50年分の食料が降ってきた**ようなものだ。

さて、鯨骨生物群集のなかには、まったくほかの場所には見られない生物も多く、その代表的な存在がこのホネクイハナムシだ。クジラの死骸の周りだけにしか存在が確認されていない。赤く細い羽毛のような姿で、クジラの骨にまとわりついて生きている。

その生き様から**「ゾンビワーム」**とも呼ばれるこのホネクイハナムシは、根のような部分を鯨骨の内部に入れて、骨髄を分解することができる。そしてそこからクジラの豊かな栄養分を吸収するのだという。それは海洋生物のなかでこのホネクイハナムシだけにしかできないとてもスゴイ技なのである。

「クジラ1頭で人生バラ色！」

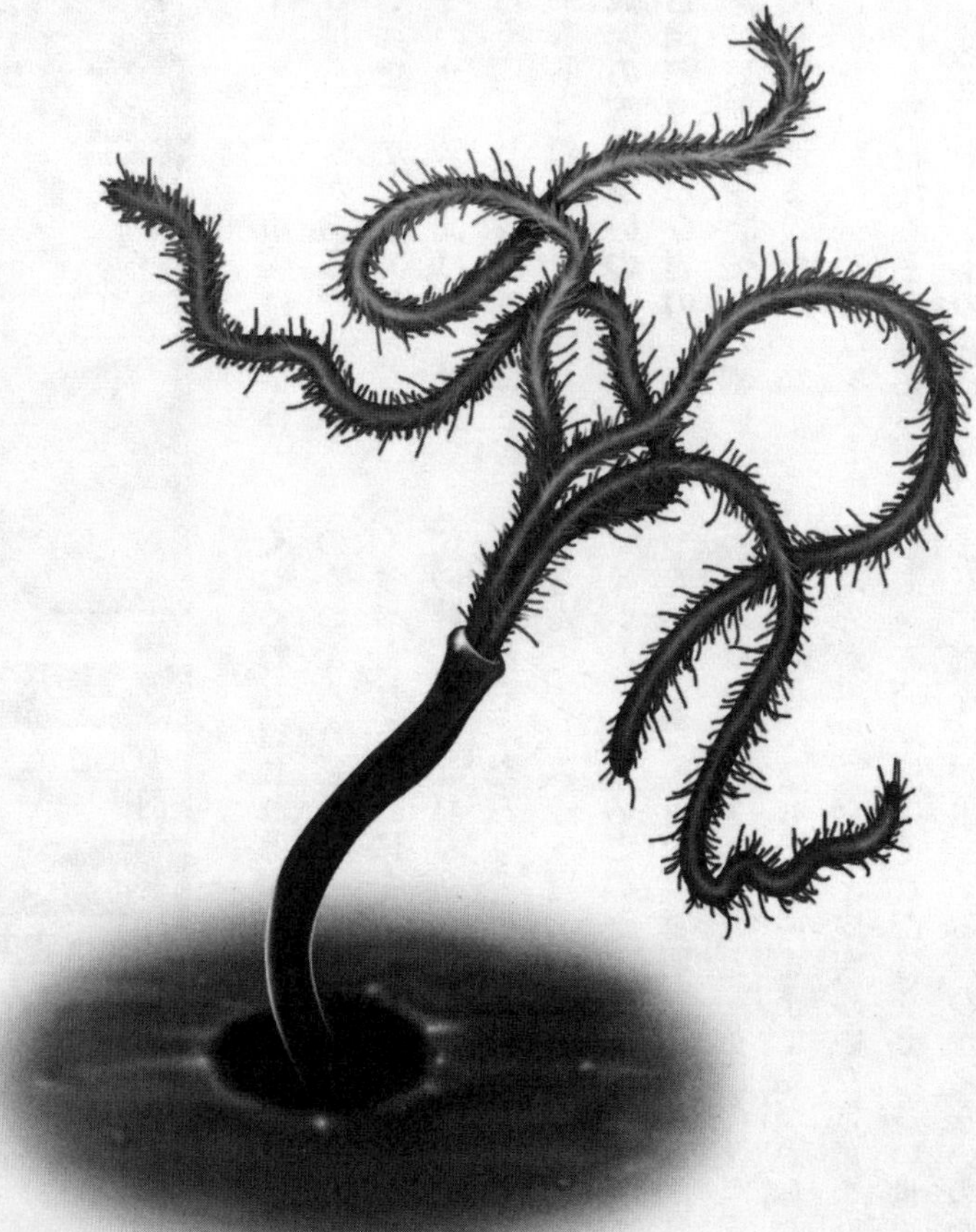

7本の腕をくねくねとあやつる

ユビアシクラゲ

深度
1000ｍ前後

体長
75cm程度（傘径）

生息地
日本近海など

傘の下からニョキっと伸びる口腕は、個体によって4～7本とばらつきがある。ピアニストの指にも見えそうななかなか美しいこの口腕だが、しかしそのサイズを聞けば、イメージが一変するだろう。ユビアシクラゲは、傘の直径が最大75㎝もあるのだ。つまり、口腕1本1本は、**5歳児の腕ぐらいの太さになるのである。しかも結構ワンパク君の**

通常クラゲは、傘の周囲に備えている細い触手によってエモノを捕まえるのだが、ユビアシクラゲにはそれがないため、このワンパク坊主の腕が、狩りにも使われるとも考えられている。それにしても、最大7本の腕に、**くねくねと狙われる恐怖**といったらどんなものなのだろう。捕まったら、まずまちがいなく食べられることになるのだろうが、しかしこの腕につかまれたら、思わず「これから俺、なにされるんだろう？」とあれこれ想像がふくらんで苦しみそうだ。

インパクト大のこのクラゲ、しかし見つかったのはまだ最近で、鮮明な姿が明らかになったのは2002年のこと。英国の某科学誌は、なぜこんなものがいままで見つからなかったのか不思議だ、と皮肉めいた言葉をもらしている。深海はそれだけなぞの多い世界。まだまだなにが出てくるかわからないのだ。

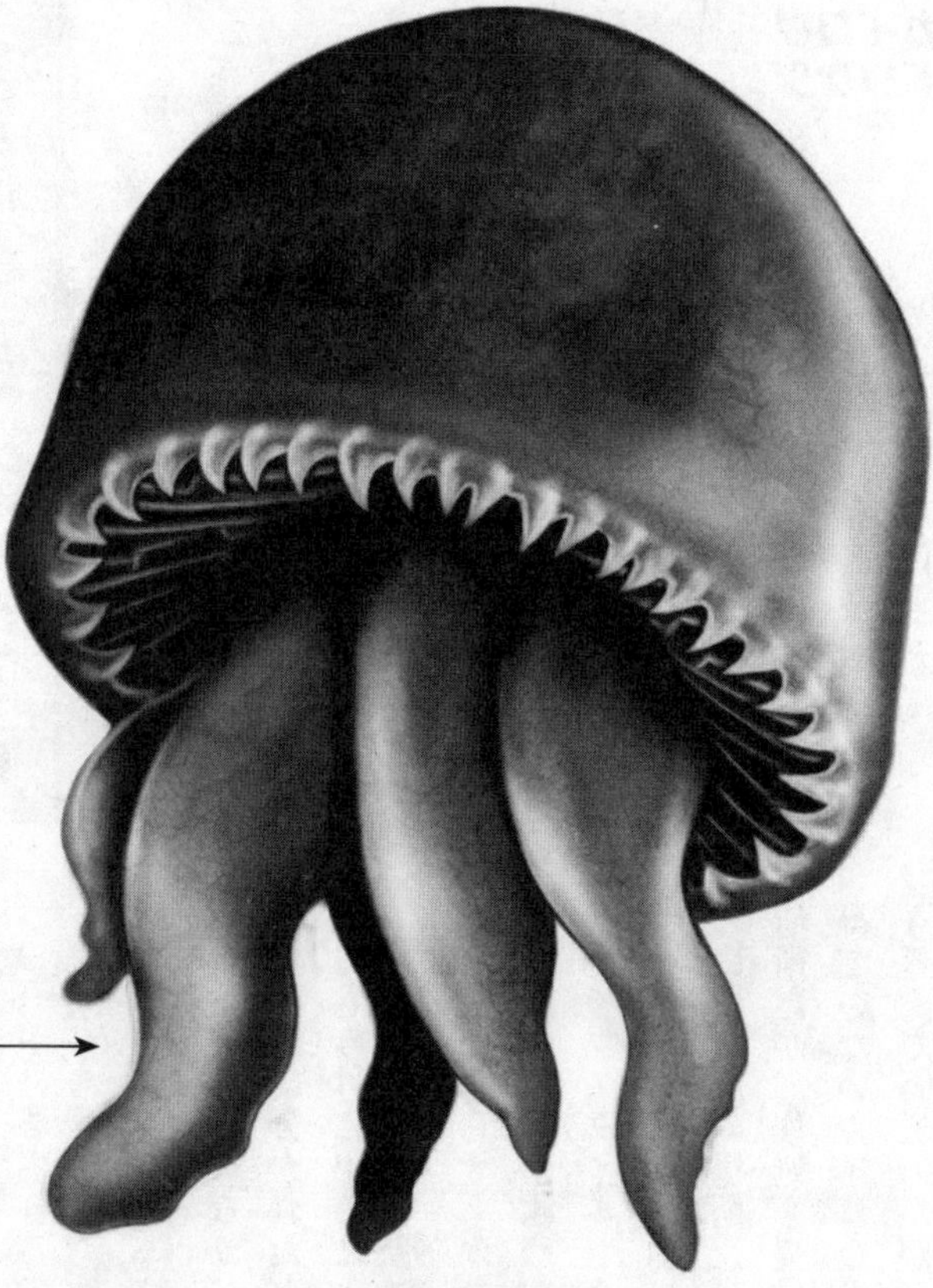

たくましい口腕で
深海をゆらり……。

108

カイロウドウケツ＆ドウケツエビ

牢獄か極楽か——不思議な共生ライフ

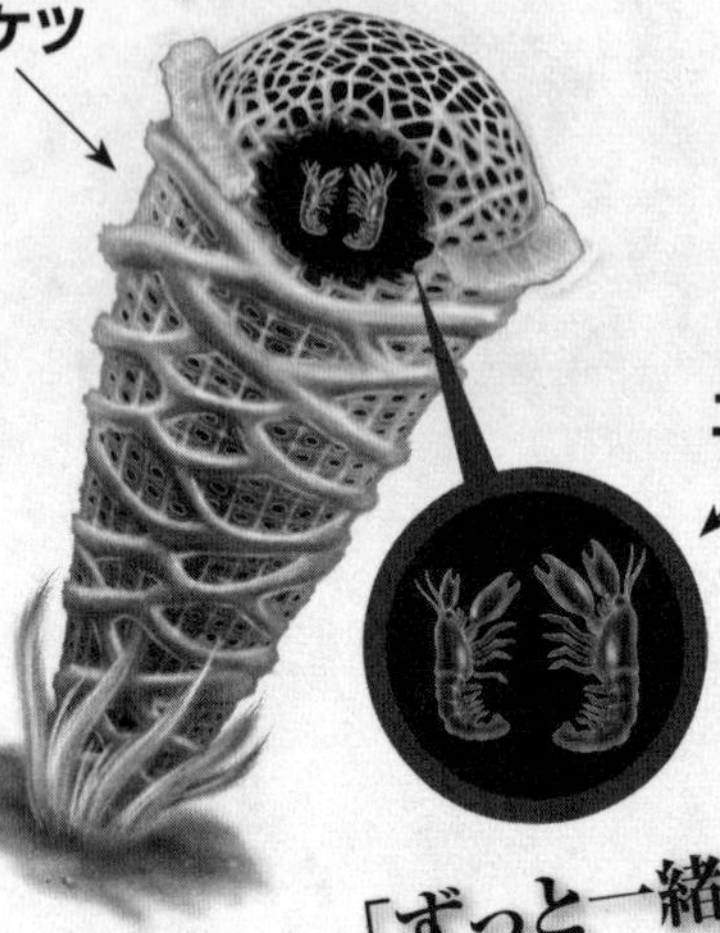

円筒状の海綿《かいめん》（繊維状の動物）で、海底に突き刺さった細長いかごのようなものがカイロウドウケツである。そしてそのなかに入って、つがいで生きるのがドウケツエビだ。

ドウケツエビは、まだオスとメスが分化していない幼いころに、かごの編み目からカイロウドウケツのなかに入り込む。成長してオスとメスに分かれたときには、体が大きくなってもう外に出ることはできなくなっているのだ。すなわち、**死ぬまでふたり**でそのかごのなかで暮らすしかないというわけ。

だが、**牢獄のようなその空間**も、自由奔放なライフスタイルさえあきらめてしまえば、敵もいなく、食べ物もあって、生き延びるためには最高の場所だ。まったく巧みな夫婦生活術だが、住処《すみか》を提供しつつもなにも利益を得ていないカイロウドウケツがその状況をどう考えているのかが気になるところである。

器用な手さばきは、サルの木登り並み

キヌガサモズル

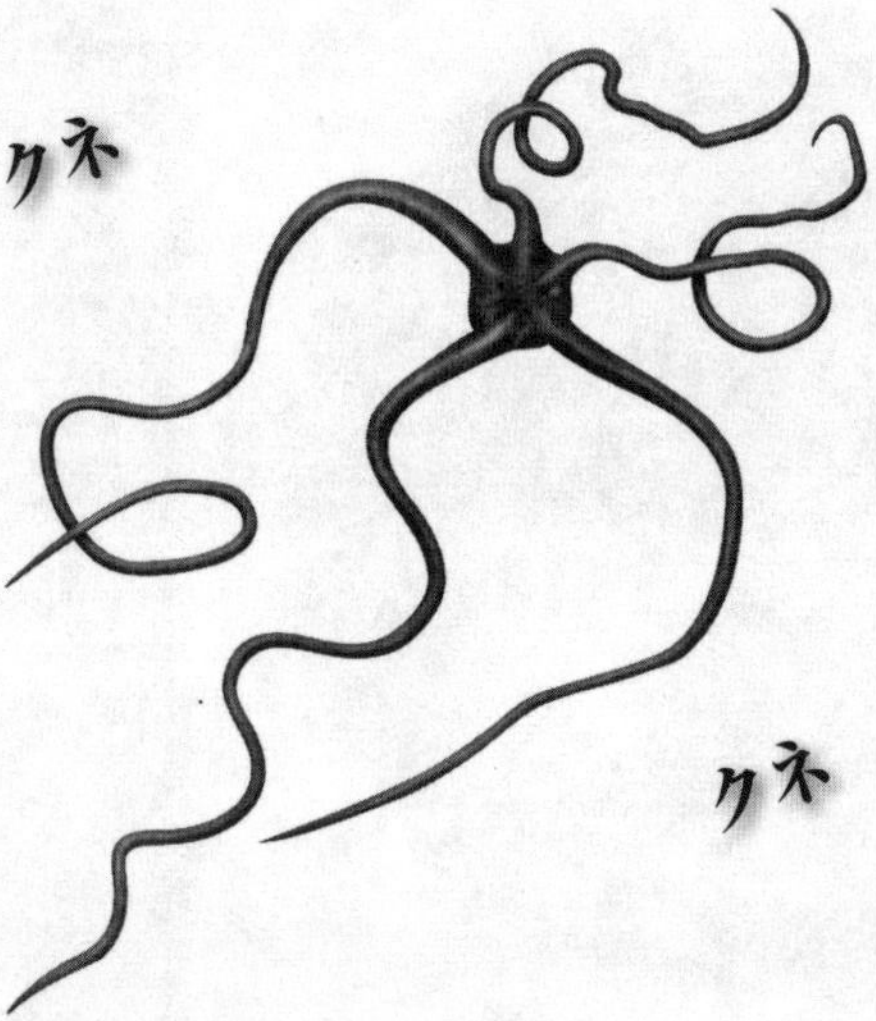

SPECIALTY

これはクモヒトデの仲間。ヒトデのように5本の腕をもち、それがクモの足のようにとても細い種である。とくにこのキヌガサモズルが特徴的なのは、そのムチのような細い腕をクネクネと曲げて**ほかの生物に絡みついたりする**ことである。

たとえば、エサをとるために、海底から生える細長い植物のようなウミヤナギ類によじ登り、地面より少し高いところで、海流の流れにのってやってくるプランクトンを待つ。そのとき、2本の腕をウミヤナギ類に絡め、残り3本の腕を自由にしてプランクトンを捕まえる。その姿はシッポで**木にぶら下がるサル**のようであり、曲芸師カオ負けの技を披露する。

しかし、同時にその姿は、「とにかくなんでもいいから食い物を！」と四方八方に腕を広げる切羽つまった様子にも見えてしまう。

ギンオビイカ

暗い深海では効果大！　光のビーム攻撃

名前のとおり、見た目の特徴は体の側面に銀色に光る帯のような部分があることである。が、独特なのは、イカが通常吐く墨の代わりに、**光る液体を吐く**ことだ。

イカは一般に、外敵の視界をさえぎって自分の身を守るために墨を吐くが、真っ黒な深海で黒い墨を吐いてみたところで、確かにあまり意味があるとは思えない。そこで、光の液体を吐くことで相手をおどろかせて威嚇する戦法に変えたのだろう。

ギンオビイカの仲間は体のなかに光るバクテリアを飼っており、それによって自分の体を光らせている。ということは光る液体は、そのバクテリアをふん出させているのだろうか。共生関係だったはずが、いざとなると敵の前に吐き出されてしまうとすれば、**バクテリアからすれば「聞いてねーよ！」**というところかもしれない。

SPECIALTY

光のちがいを見分ける「泳ぐフクロウ」

クロデメニギス

「ワナ抜けはお任せを」

「深海のような暗いところでは、精巧な目こそ最大の武器！」という戦略に出たものがここにいる。

斜め上向きのふたつの目は、正面から見ると顔の半分近くを占めそうなほどだが、これがどうも愛嬌《あいきょう》ある表情になり、前から見ると「フクロウ」に見えないこともない。

目の網膜には、明暗を区別するための桿体《かんたい》細胞を多く含み、ほかの生物が発光する光を、周囲のほかの光と区別することもできるようになっている。

それが発光する生物の多い深海のなかにいて、**あらゆるワナから身を守る**ための貴重な武器になることはもちろんだ。

体長は20cmほどで、４００～２５００ｍほどの深さで生活する。そして目とは対照的にかわいく小さなスポイト状の口で、プランクトンを吸い取っているのである。

深海でのパートナー探しはとても大変

恋人募集中の深海生物 ランキング5

子孫を残すためには工夫が必要

深海に限らず多くの生物にとって、子孫を残すことは生きるうえでの最大の使命である。しかし、広く暗い深海では、そのためのパートナーに出会うのがとても難しい。

そこで、正攻法じゃ相手が見つからないヤツらは、次のような戦略をとっている。

1　小さなオスが、メスに寄生する
2　雌雄同体になる
3　成長するとオスからメスに性転換する

まず1は、オスが「精子を提供しますから、世話してください」とメスにおんぶに抱っこになるスタイルだ。この場合、オスは精子を作ればよいだけなのに対して、メスは出産、子育てのために十分な栄養がいるため、メスがオスよりもずっと大きい必要があるのだ。そしてオスは1匹のメスにずっとついていく。

2は、異性との出会いがかなり望み薄なため、自分でオス・メスの両方を果たしちゃえという戦略だ。ただ、そうはいっても1匹で1度に両方の役を果たす場合は少なく、一応相手は探す。が、相手がとにかく同種であれば、異性であるかどうかは関係ないため、出会いの効率がぐっと上がるのである。

3も雌雄同体の一種であるが、この場合は、

Column

NAME	COMMENT
1. ペリカンアンコウのオス	オスは、メスに寄生する「精子製造マシン」 → 198ページ
2. シンカイエソ	雌雄同体。パートナーは同種であれば誰でもOK → 186ページ
3. オニハダカ	子どものころはオス、育ったらメスになる →本書では取扱いなし
4. オオイトヒキイワシ	2の雌雄同体タイプ。自分ひとりで生殖可能 → 60ページ
5. ミツマタヤリウオ	オスはメスの10分の1の大きさしかない → 148ページ

まだ体が小さい時期にはオスとして精子を作り、卵作りができるぐらい体が大きくなったあとに、メスへと移行していくタイプだ。

恋人はできずとも子孫は残せる

さてランキングには、深海での恋人作りの難しさに直面し、前記の各戦略を実践するヤツらを選んでみた。

1、2、3の方法で子孫作りに励むのは、それぞれペリカンアンコウ、シンカイエソ、オニハダカである。オニハダカは本書で取り上げていないが、有名なので入れておきたい。

ちなみにチョウチンアンコウ類の大部分やミツマタヤリウオも、オスは、寄生はせずともメスにくらべてぐっと小さい。それはつまり、単純に生殖学的な観点からいえば、オスの役割というのがメスにくらべてずっと小さいことを示しているのだろう。

スケーリーフット

硫化鉄の鎧をもった「巻貝戦車」

スケーリーフットは、2001年に発見された、業界新入りの巻き貝だ。名前は「ウロコ状の足」の意味。殻から出たウロコ足が、なんと硫化鉄でおおわれていたので、研究者たちがびっくらこいたわけである。目的は外敵からの防御らしく、襲われたら足をなかにしまい、**硫化鉄のウロコを盾**に内部を守る。

スケーリーフットが見つかったインド洋の「かいれいフィールド」は、熱水や黒煙がボンボン、モクモクとふん出する戦場のような場所だ。そこには、熱水中の硫化水素からエネルギーを得るバクテリアがたくさんおり、だからそのバクテリア目当ての生物がまたたくさん集まってくるのだ。

どんな敵キャラが出てくるかわからない環境で生き抜くためにに、スケーリーフットは硫化鉄の鎧を身につけたのだろう。深海も武装する時代に入ったのかも？

口を大きく突き出した、立ち泳ぎの名手

スティレフォルス

「シンクロ？
なんだい、それは？」

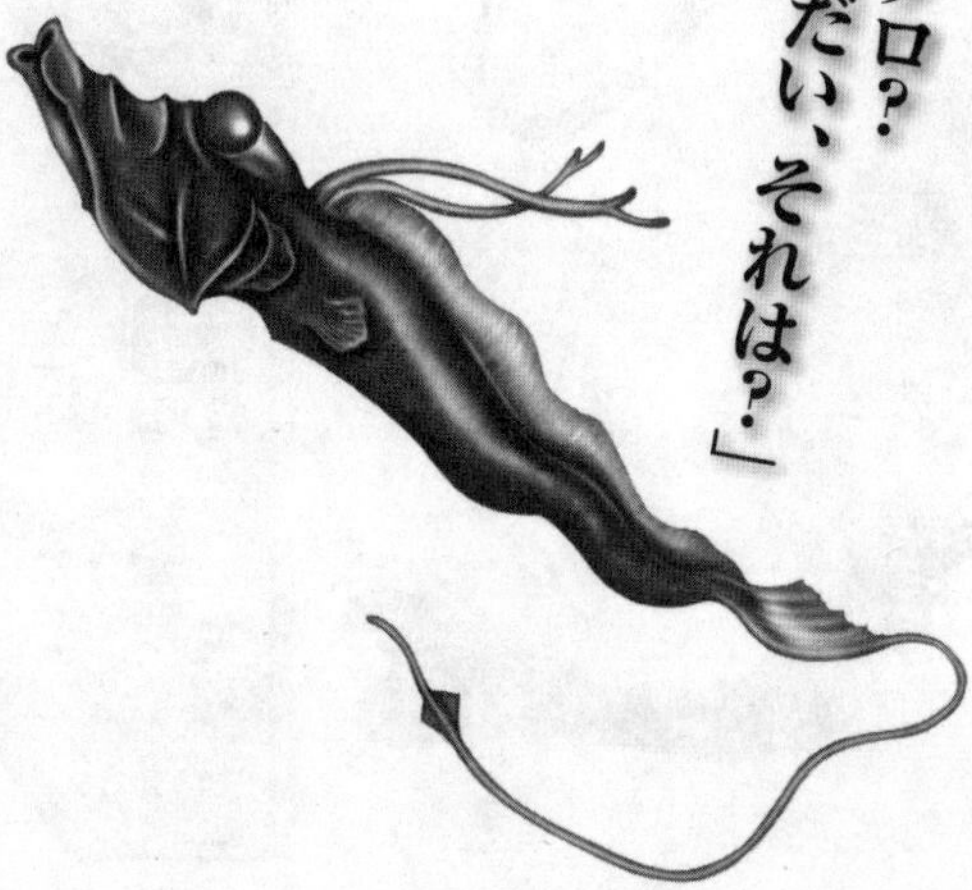

龍のように細長い体をして、いつも立ち泳ぎをしながら上を見ている。そんなスリム体形なのに、所属するのはアカマンボウ目。分類まちがえたんじゃないの？　と聞きたくなるが、もちろんちゃんと、アカマンボウたちとも共通点がある。たとえば、口を大きく前方に突き出しているということだ。

　スティレフォルスは、口がとくに長く突き出るのが特徴的だ。もともと**おちょぼ口**っぽいが、その口を前に突き出すと、なんと内部の容積は数十倍にもふくれ上がる。そうして、スポイトが水を吸い込むように、海水もエモノも一緒くたに、大きくなった口のなかに入れてしまうのだから、近くの生物は油断ができない。またスティレフォルスは、**ギョロリと大きく前方に突き出した目も印象的**だ。そして上を泳ぐエモノを虎視《こし》眈々《たんたん》と狙っているのである。

116

アンコウなのにスリムな体型のもち主

シダアンコウ

「鍛え方がちがいますんで」

チョウチンアンコウの仲間であるが、シダアンコウはチョウチンアンコウにくらべてぐっと細身である。**細身だからよりすばやい泳ぎが得意**である。それにあわせて頭から伸びる釣竿のようなイリシウムもかなり長くなっていて、なんと体長の4倍になる場合もあるという。エモノはイリシウムの先端の発光器におびきよせられるが、シダアンコウは素早く泳ぐことができるために、自分の体から発光器までかなり距離があっても十分にエモノを捕まえることができるのであろう。

頭の上から長く伸びるイリシウムはラジコンのアンテナのようにも見えるため、もし海で遭遇したら**模型魚が泳いでいるのと勘違いしそう**である。とはいっても、シダアンコウは希少種なので、深海に潜ってもそうそう出会える相手ではないようだ。

ジョルダンギンザメ

長い尾をピンと伸ばして海底を「滑空」

「本機はこれより帰投します」

数多くいるギンザメの仲間のなかでも、ジョルダンギンザメはとくに尾が長く、体の3分の2ほどの長さを占める。頭から尾の先までは50cm～1mほどあり、体をまっすぐに伸ばして泳ぐ。

その体で海底付近を滑空《かっくう》するように一直線に進む姿は、**まるで戦闘機**のようでカッコいい。こうして海中を滑べるように泳ぎながら、地表面の有機物のにおいをかぎつけるなどして、エサを探しているのではないかと考えられている。「海底滑空猟」とでも名づけたいところだ。

ジョルダンギンザメは、日本や、アフリカ南東部のマダガスカルの近くなどで見つかっているが、くわしい生態はあまりわかっていない。ただ、**長い尾は得意の滑空遊泳にはあまり役だっていない**らしく、それがなんのためにあるのかをぜひ知りたいところである。

深海の救世主? 甲殻の千手観音

センジュエビ

「このハサミでだれが救えると?」

センジュエビのなかには足がすべてハサミになってるヤツがいるらしい。千手観音の名はそんなところからついたのだろう。

しかし、一般的には、2本のとくに長い手があるのが特徴だ。頭から背中を守る頭胸《とうきょう》甲《こう》は、細かい毛やトゲにおおわれ、防御にもヌカリがない。あとはこの長い手で相手をなぎ倒すだけである。

ほかの生物からすりゃ、長い2本の手があるだけでも恐ろしいはずなのに、**ほかの足も全部ハサミ**だなんてヤツには、まったく危なっかしくて近づけないだろう。しかし、そこまでハサミが多いと動きを制御する伝達神経はどうなっているのだろうかと心配だ。

ただ、くわしいことは不明だ。センジュエビのなかには、異なる複数の種が存在するようだが、**学者に不人気なのか、研究はあまり進んでいない**ようだ。

全身でやさしく包み込んでエモノを抹殺
ディープスタリアクラゲ

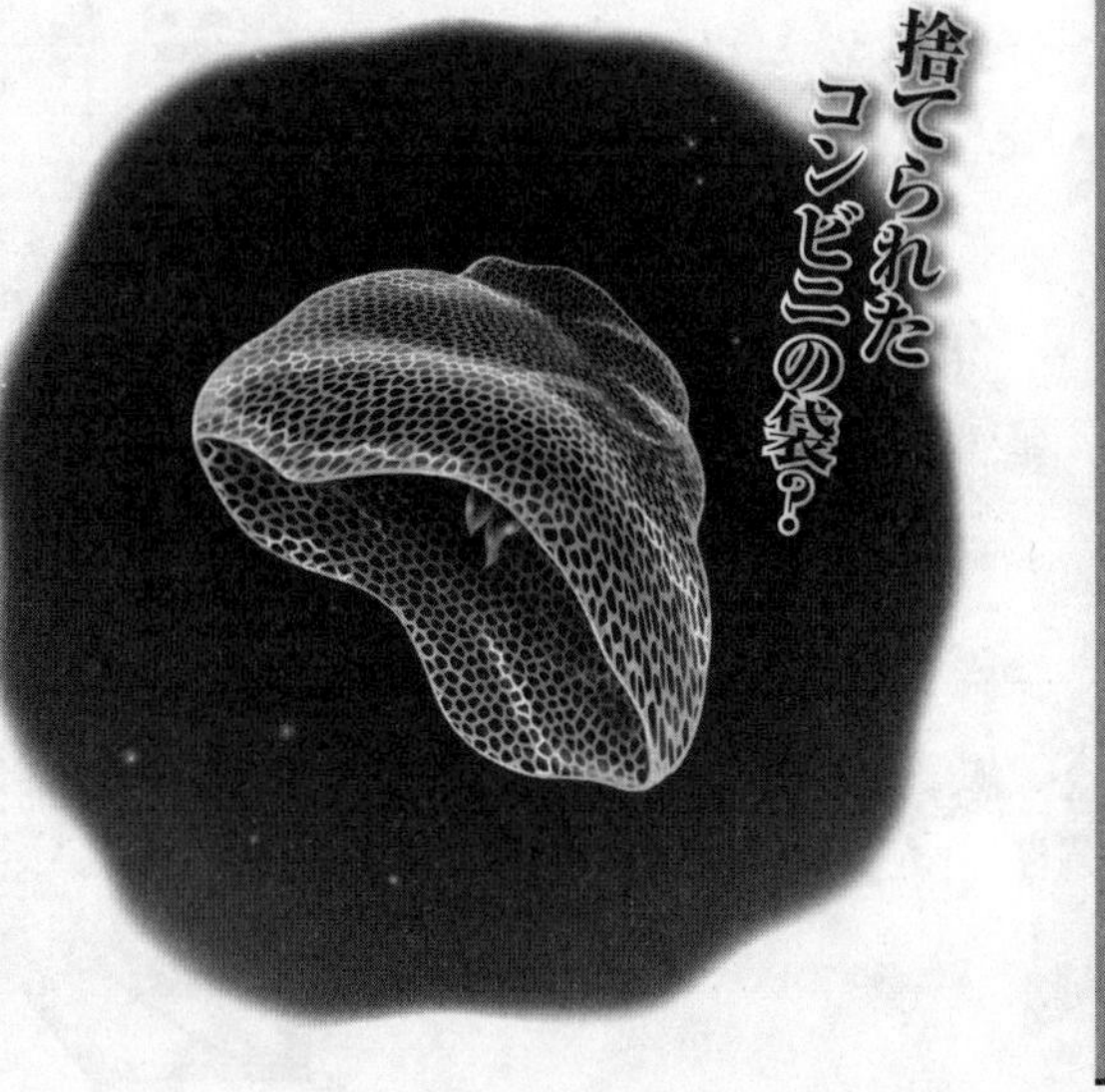

直径60cmもの透明な傘をもち、ゆらゆらとゆれながら、静かにエモノを包み込む。エモノは「なんだろう、突然現われたこの美しい膜は……」なんてのんびりと考えているうちに、もう完全にディープスタリアクラゲに吸収されることが決まってしまうのだ。

傘の大きさにくらべて触手は短く、さらに傘には均質の網目模様（水管）があるため、海中で揺れ動く姿は**ただの網かビニール袋**のようである。

しかし、ぼーんやり動いてそうに見えながらも、エモノを囲い込んだら静かに傘の縁をすぼめていき、口と触手が待つクラゲの心臓部にエモノを誘導していくというのだからあなどれない。

あくまでもゆっくりと優雅に、そして気づかれないように、**相手を死へと追い詰める**怖いヤツである。

デメニギス

飛び出た目がエモノを捕えて離さない

「最後までしっかり見るべし！」

デメニギスは、上向きに飛び出た目が非常に印象的だ。先にすでに登場しているクロデメニギスはその目が斜め上を向いているのに対して、デメニギスはほとんど真上を向いている。しかも狙ったかのようなおちょぼ口との組み合わせは、**ひょっとこルックを意識しているにちがいない**。

この愛嬌ある目は、深海でその真価を存分に発揮する。上を見て海面から差し込むわずかな光をしっかり拾い、デメニギスは上方をさまようエモノの位置を割り出す。

しかし、もし目がずっと上向きのままだったら、そのエモノを口に入れようとするときに相手が見えず逃げられてしまうのでは？と心配になる。が、いやいや心配ご無用。デメニギスは、食べる前には**目を前へ回転**させ、それから口を開くのだ。顔は笑えるがなかなか賢いのである。

SPECIALTY

省エネ志向の小さなアンコウ
ペリカンアンコウ

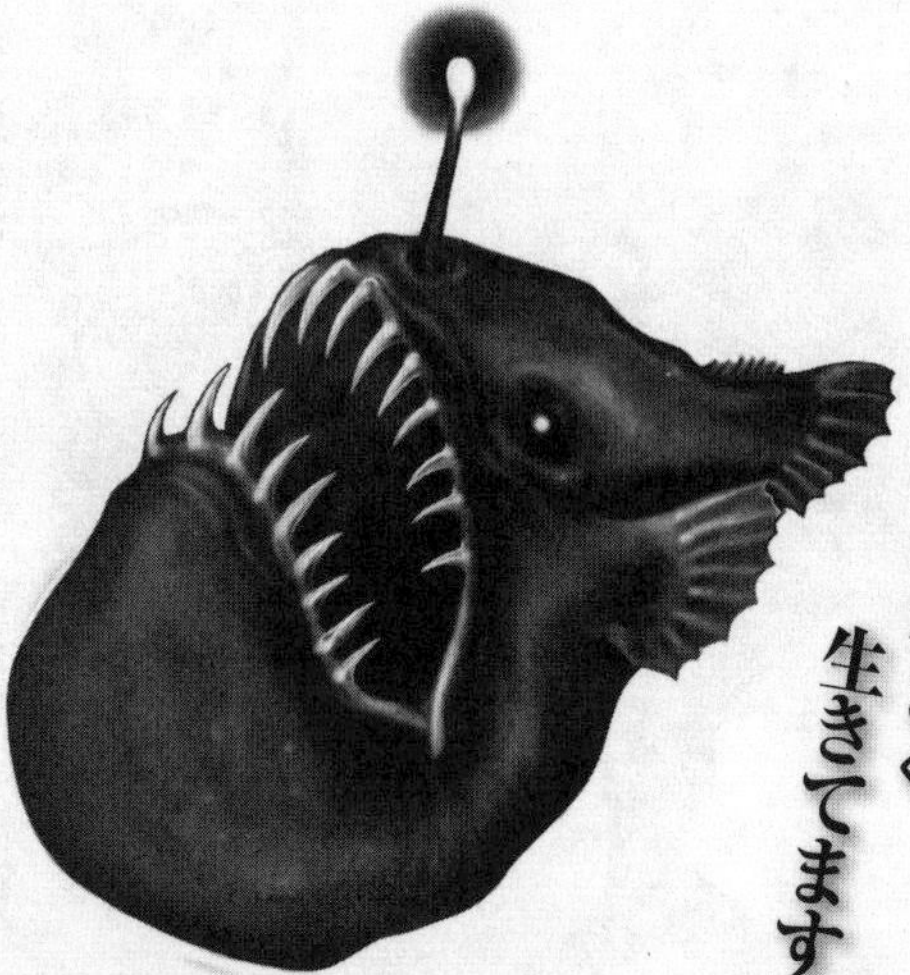

「小さく生きてます」

ペリカンアンコウは、チョウチンアンコウ類に属し、そのなかでも体長数cmととくに小さいことで知られる。

そんなに小さくても食べたいものはしっかり食べる。自分の3倍近くある魚までのみ込んでいた例もあるというから、普通の魚には真似できないかなりの大食い派である。

まるで**体全体が胃**、もしくは大きな袋なのではないかと思うほど、丸っこい体に大きな口がついているだけという印象が強く残る。

自分より大きなエモノをのみ込んでも胃のなかに収めることができるのは、胃も腹部も大きくふくらむからである。

ただ、体が丸い理由は、じっとエモノを待ち伏せするのに適した形だからだといわれている。待ち伏せするときの水の抵抗を減らし、**余計なエネルギー消費をなくそう**というわけである。

マッコウクジラ

ダイオウイカの「永遠のライバル」

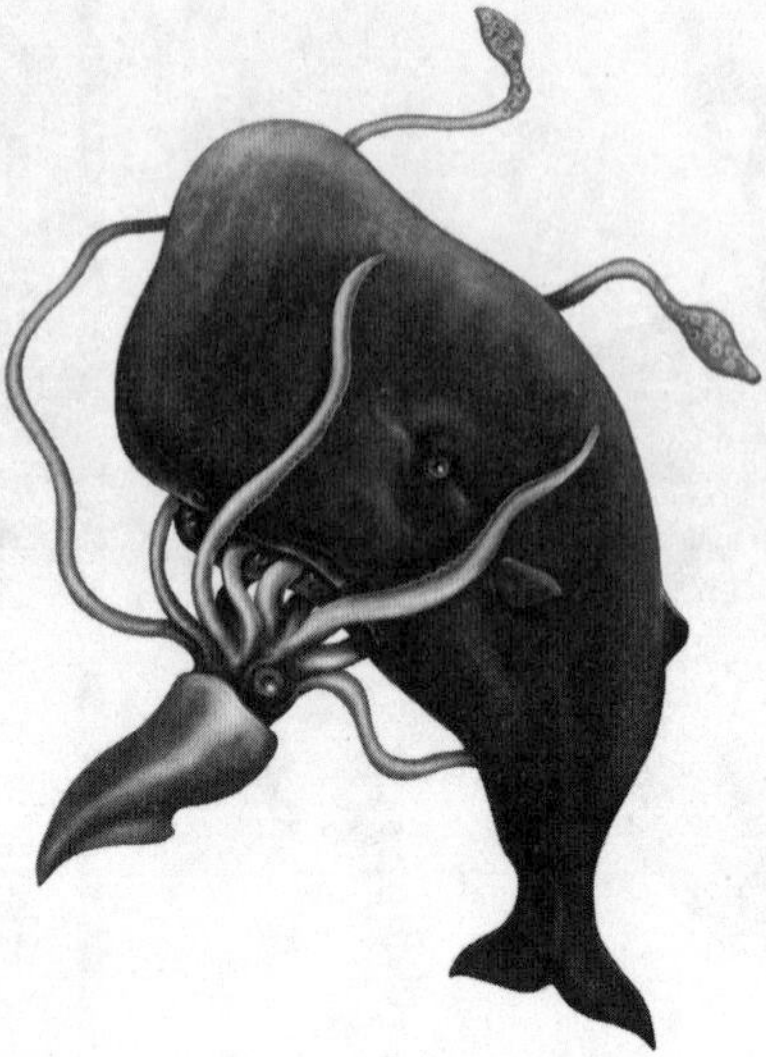

「常勝ですとも」

マッコウクジラは、体長が20mにもなるほ乳類で、しかも**2000m以上も潜ることができる深海の特異な存在だ。**頭がちょっと四角く出っ張った独特な風貌をしている。

さてこのマッコウクジラ、1章に登場したダイオウイカが大好物だ。ダイオウイカも大きいものは体長18mぐらいになるので、両者は「永遠のライバル」。その戦いは「深海の大決戦」に見えるが、現実はマッコウクジラが一方的にダイオウイカを襲っているだけだったようだ。ダイオウイカが長い腕でマッコウクジラの首をしめ、マッコウクジラが頭突《ずっ》きで逃れる……、ということはなく、マッコウクジラは**ダイオウイカを丸のみ**にしてしまうらしい。

深海のロマンは消え去るが、さすがはクジラ、貫禄の大技である。やはりイカとは「格がちがう」というところか。

3章
美しく惑わすヤツら

Charm

124

白いチョッキを着た赤い魚
アカチョッキクジラウオ

深度	体長	生息地
100～3500m	～11cm程度	インド洋、太平洋、東シナ海など

　真っ赤な体をした深海魚はそんなに多くはないはずだ。しかも、**ウロコがなく肌はぷよぷよでツルツル**。そんな特徴的な見た目をしているのがこのアカチョッキクジラウオ。赤いチョッキを着ているみたいだから、ということらしいが、むしろ頭から胴体にかけてのあたりに白い帯状の部分が見えるので、赤い体に白いタンクトップを着ているように見える気もしたり……。また口が目の下あたりまで大きく裂けているのも独特だ。

　いずれにしても、海のなかでは鮮やかな赤い色が目だって、チョッキどころか赤いドレスをまとったように、美しく優雅に泳いでいるのではないかと想像させる。

が、じつは深海には赤い光は届かないのである。そのため、赤という色は普通の魚には見えない。すなわち、アカチョッキクジラウオは、せっかく身に着けている赤いドレスをだれにも披露することができない。

　というより、**赤い体によってほかの生物から姿を隠すことができる**のだ。

　さらに胴からお尻にかけては、乳頭状の器官が縦に列をなして並んでいる。この役割はまだよくわかっていないようだが、水の流れや圧力などを感知する側線器官であるとも考えられそうだ。

「今日は礼服で おでかけなんです」

ウリクラゲ

虹色に美しく輝く大食いクラゲ

深度
1000m以上（不確定）

体長
5〜15cm程度

生息地
世界各地の海

　このクラゲが所属するクシクラゲ類は、虹色に光ることで知られる。クシクラゲ類はみな、縦に体を8等分するように櫛板《くしいた》というものが走っていて、それがガラスの膜のようになっているため、なんらかの光が当たると、**プリズムのように虹色に光る**のだ。

　ウリクラゲは、名前のとおり、瓜のような形だが、虹色に輝く様子はダイヤモンドのように美しい。しかも、クラゲ一般を少々おどろおどろしく見せている触手をウリクラゲはもたない。余計なものは一切つかない、対称的な瓜の形のままで深海をさまよい続けているのだ。しかし、その上品な見た目とは裏腹に、ウリクラゲの食べ方はすごい。櫛板が集まった体の極にある小さな口を大きく開けて、なんと自分の2倍はあるカブトクラゲを丸のみしてしまうこともあるというのだ。そうして**クラゲのなかにクラゲが入って、透明な体は風船のようにパンパンになる**。

　人間の大食い大会でも、「いかにも大食い」といった風貌の人は多くはない。そして餃《ぎょう》子《ざ》を70個食べたあとでも、「うへー、食った食った」風にはならずに食べる前と変わらないでいられる人が強いものだ。ウリクラゲもご多聞にもれず、ふくれたお腹にかまわず優雅に輝き続けるのである。

「こう見えても大食いですのよ」

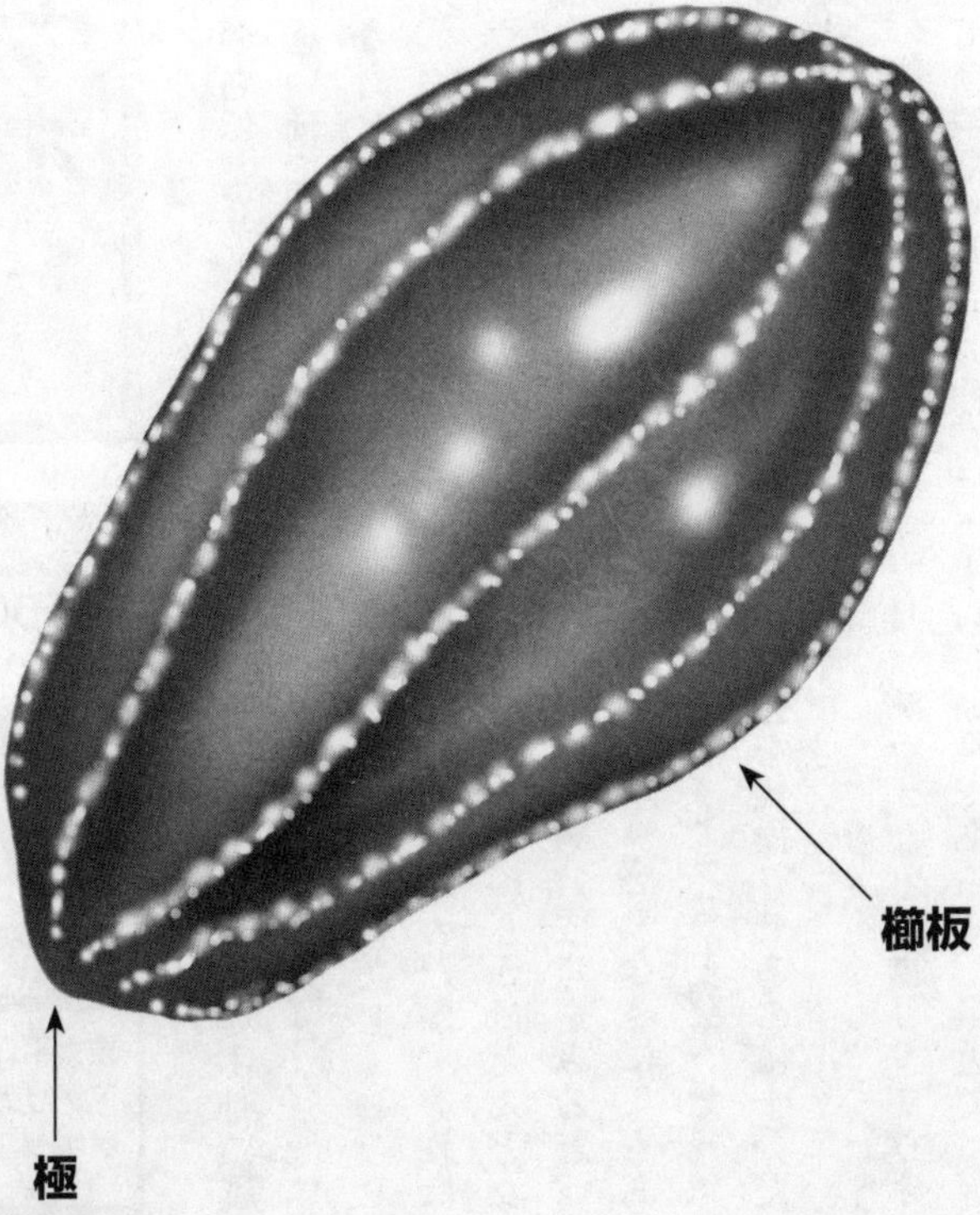

幼生期に振袖のように優雅なヒレをもつ

オキフリソデウオ

深度

～500m

体長

～1.1m
程度

生息地

東太平洋、
アメリカや
メキシコ近海

2章に登場したテンガイハタやのちほど登場するリュウグウノツカイなどに近い種で、銀色の体と、赤いたてがみのような背ビレがとても美しく印象的な魚だ。ただ、オキフリソデウオは、テンガイハタやリュウグウノツカイのようには大きくならず、最大でも1m少々といったところである。また、それほど細長くもない。

が、そのあまり長細くなく**少し丸みを帯びた体形が、どこか伝統的な日本人女性**のようでもあり（日本人女性に失礼？）、振袖を着ているというイメージにはかえってぴったりなのかもしれない。

オキフリソデウオは、フリソデウオ科に属する。フリソデウオと名がつくこの科の魚は、じつは幼生期には振袖のように美しくヒラヒラとした腹ビレをもっているのだが、それは成長とともに短くなり、いつしかほとんどなくなってしまう。そのため、成魚をみると、どこがフリソデ？という感もなきにしもあらずだが、銀と赤のコントラストの美しさは、**着物で着飾った女性**を想像させるのに十分だという気もする。

このオキフリソデウオなど、フリソデウオの仲間はめずらしい種であるが、最近では、日本海沿岸でも発見が報告されている。

「ようこそ、おこしやす」

キタノスカシイカ

イカによる、泳ぐ深海のイルミネーション

深度
300～1400m

体長
～2.7m程度

生息地
東太平洋、オホーツク海など

透明な体に無数の赤や黄色の水玉模様が描かれたような体は、**お祭りのときに見かける色とりどりな水風船**のようだ。英語では「ガラスのイカ」と呼ばれる種に分類されるが、まさに精巧なガラス細工のようで美しい。しかも、体長が3m近くになる場合もあるというのだから、街のクリスマスのイルミネーションが泳ぎだしたかのごとく見えるだろう。

このキタノスカシイカの体で唯一透き通ってないのは目だ。だから、その目を隠すための発光器をもっている。体の向きを変えても常に下に向くようにそれが回転し、光らせることで下にいる**敵に目の影が見えないように**している。ちなみにこのように発光器を使って体を隠す方法は「カウンター・イルミネーション（逆照明）」と呼ばれ、ほかの深海生物にもしばしば見られる技である。

キタノスカシイカは、「ガラスのイカ」といわれる仲間のなかでは最も大きい部類に入るが、2本の長い触手は1m以上にもなるものがある。そしてその触手には、かぎ爪《づめ》状の吸盤が2列にずらりと並んでいる。もはや吸盤でなにかを吸いつけるのではなく、ひっかけるための道具のように見える。それでエモノをひっかけて、巻きつけて……うーむ、恐怖のイルミネーションである。

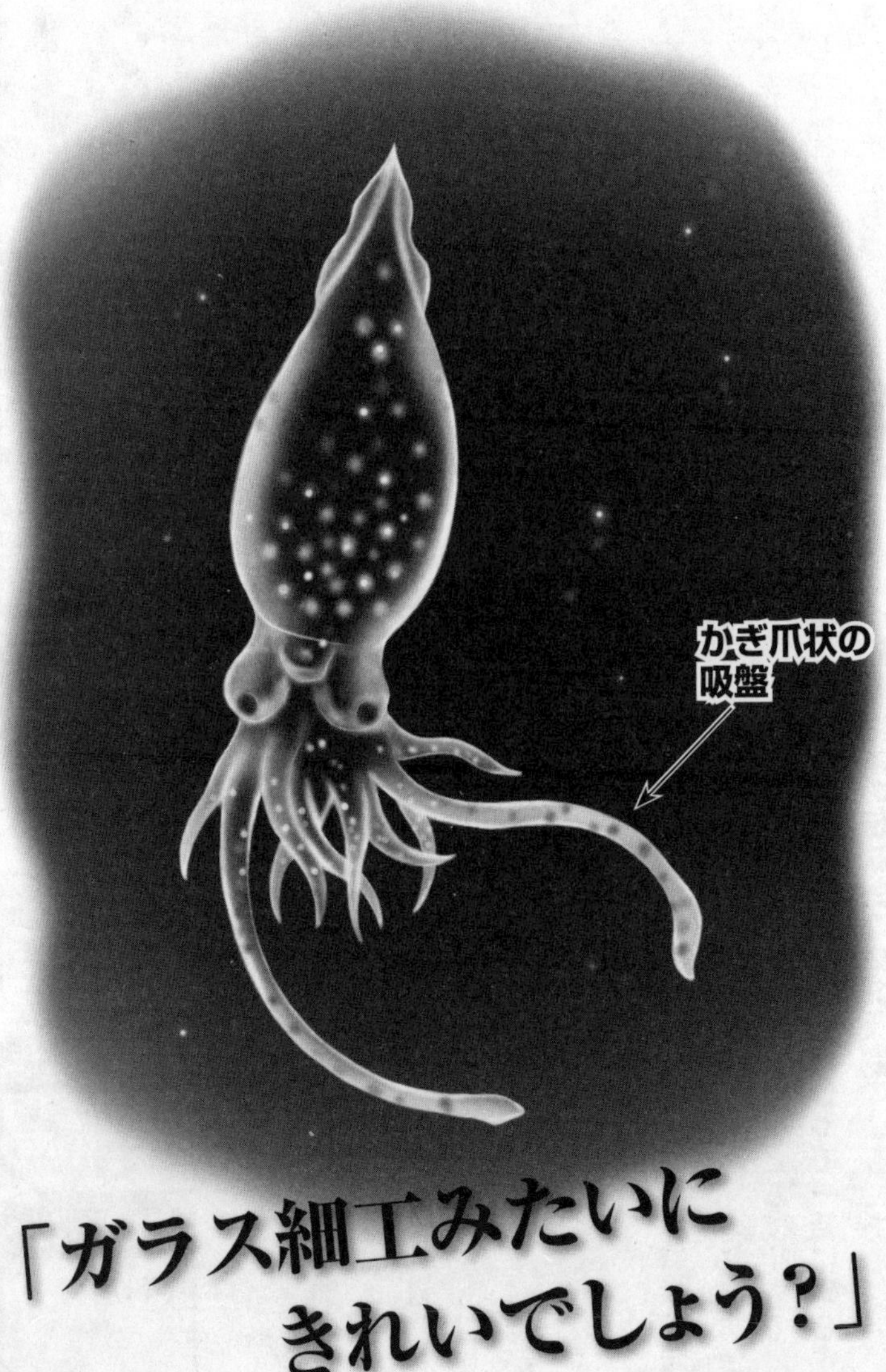

「ガラス細工みたいに きれいでしょう?」

世界一長い生物？「深海のバクチク」

クダクラゲ

深度
200～1000m

体長
40mにもなる

生息地
(不明)

132

なが～いヒモのような姿をしているが、なんと体長が40mにもなるものが米国モントレー湾で発見され、一躍、世界で最も長い生物の候補に躍り出た。

ヒモからは無数の触手が伸び、全体がらせん状になったり、**やたらとこんがらがったり**と、奇妙に形を変えながら浮遊する。しかも、エモノをおびき寄せるためか、時に光を発しながら浮遊するその姿はまるでバクチク。そのいっぽう、現代アートと呼ばれそうな不思議な美しさにも満ちている。

じつはこのクダクラゲ、個虫と呼ばれる小さなクラゲたちがたくさん集まってひとつの巨大なクラゲとなったものである。

クラゲは、成長過程において、無性生殖といって自分のコピーを作る時期を経る。多くのクラゲはそのときに、「それぞれ自立して生きよう」と、生じたコピーを自分と切り離すが、クダクラゲの場合は、コピー同士が切り離れずに、協力し合って生きていくというスタイルをとるのである。

それぞれの個虫は、浮力調整係、栄養吸収係といった感じに役割分担をし、みんながそろってひとつのクダクラゲとして生きる。まるで、**家族みなで助け合って一緒に暮らす日本の伝統的な家父長制**のようである。

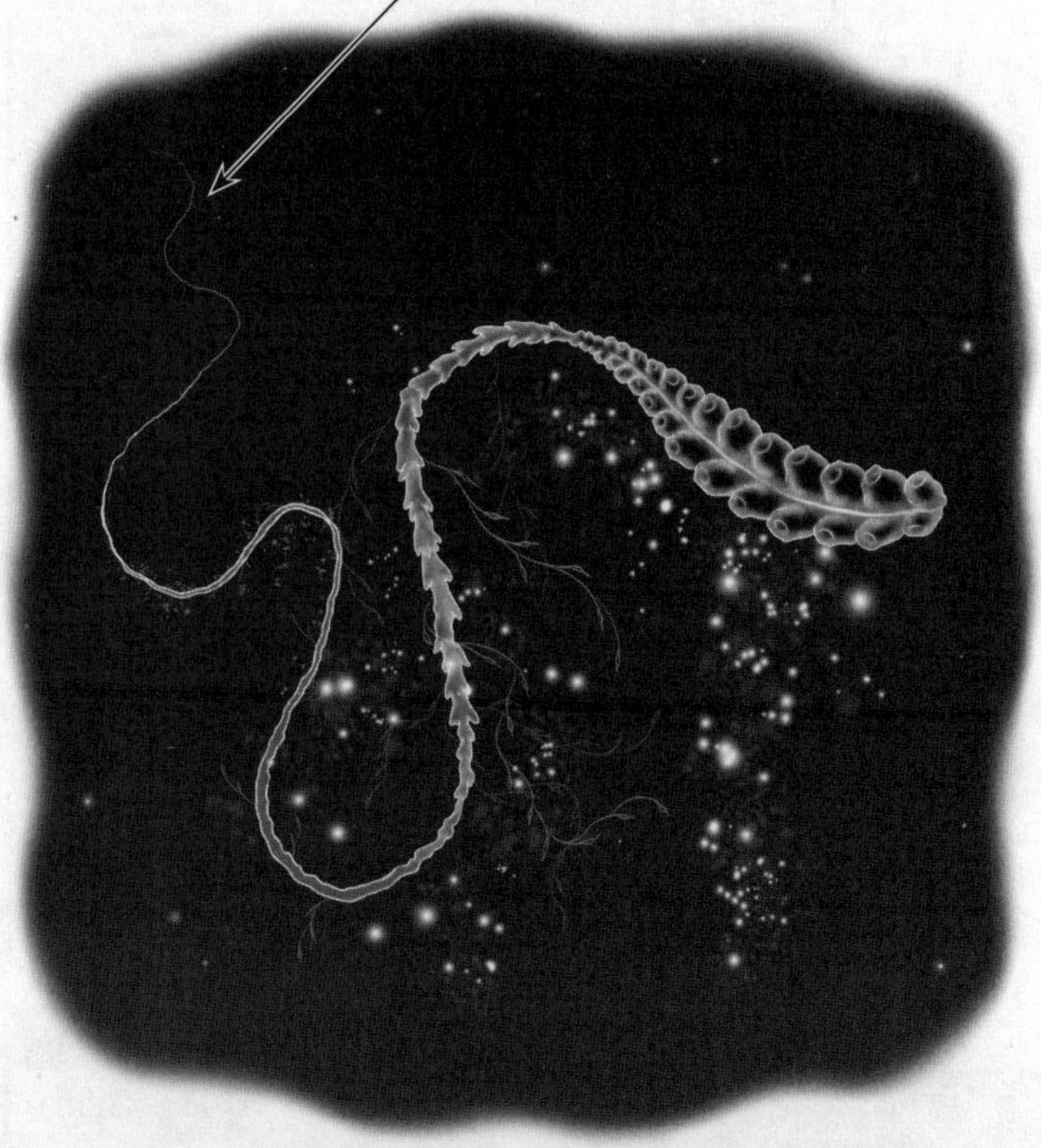

「ボクらはみんなで
生きている〜」

流氷とともに現われる小さな「天使」

クリオネ

深度
〜600ｍ

体長
2〜3cm程度

生息地
北海道、アラスカ近海、北極海など

「流氷の天使」などと呼ばれ、お茶の間の人気者となったクリオネだが、正式な名前はハダカカメガイといって、巻き貝の一種である。「貝殻なんてついてないのになんで？」といいたくなるが、クリオネは成長すると貝殻を失ってしまうのだ。

体の側面についていてまるで腕のように見えるのは、「翼足」と呼ばれる器官で巻き貝の足に当たる部分が変化したもの。これを羽ばたかせて移動する様子が**神秘的な雰囲気**をかもし出し、「天使」といううきれいなあだ名までついた。見た目も確かにかわいらしい。

透明な体のなかの赤い部分は消化器官などの内臓で、頭とシッポらしき部分の赤は、それぞれ触手と肛門に当たる。

クリオネは、1月ごろ流氷が北海道に近づいてくるにつれ日本で見られるようになる。流氷は非常に多くの栄養分とともに凍っているため、**クリオネにとっては飲めや食えやの酒池肉林の舞台**となるのである。そのいっぽうで、丸1年の間、なにも食べないでも生きていくことができるというのだから、いかに流氷レストランが豪華かということだ。ところで、流氷が消えると、すっかり姿をくらますが、そのほかの期間をどこで過ごしているのかはなぞに包まれている。

「流氷は私たちの楽園なの」

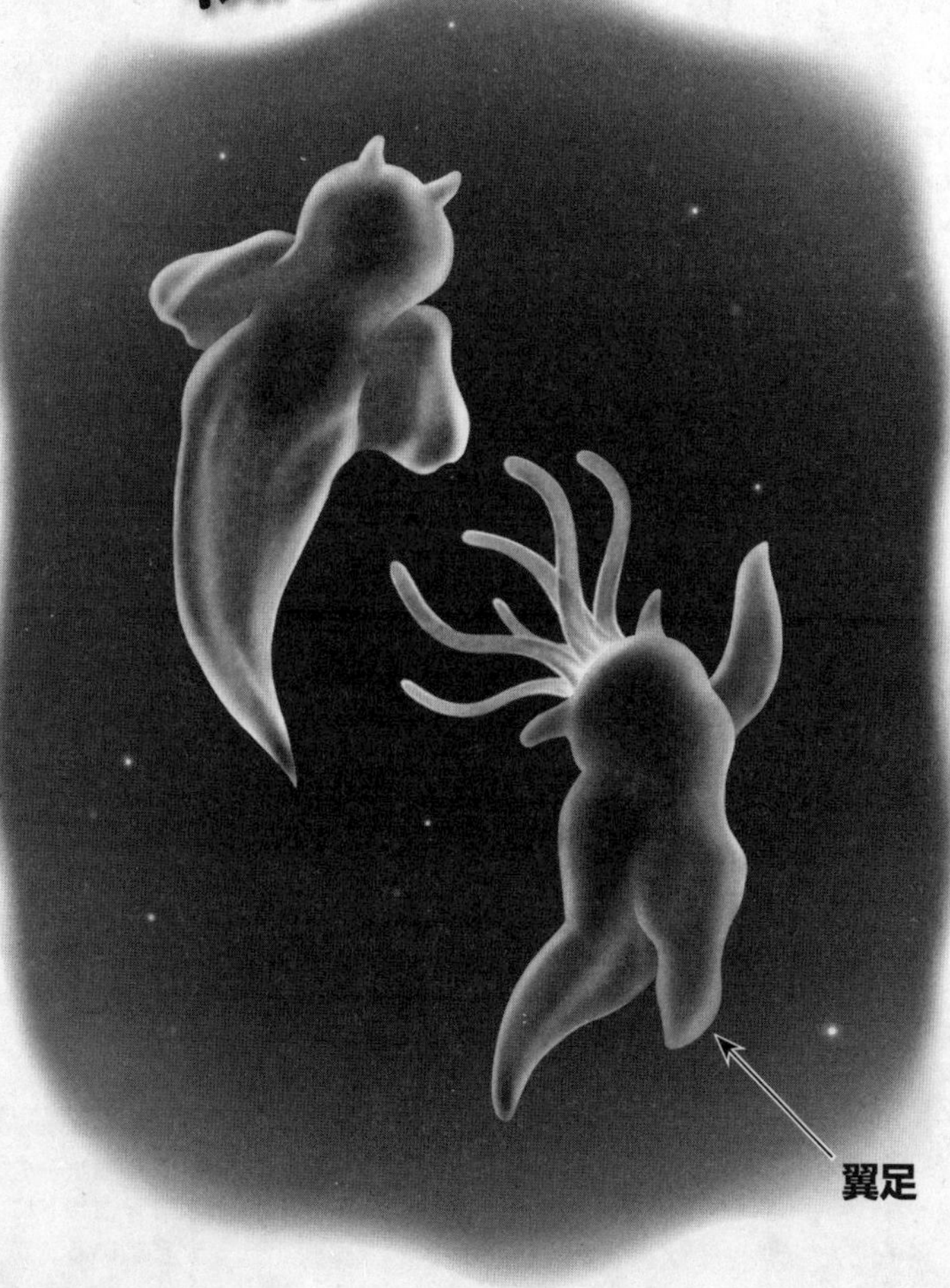

深海を漂う「赤いアポロ宇宙船」

クロカムリクラゲ

深度
地域によって異なる

体長
20cm程度(傘径)

生息地
ノルウェーのフィヨルドに多数いる

このクラゲ、形はほとんどアポロチョコ。浮遊する姿はまさにアポロ宇宙船だ。深海をさまよう様子は、**宇宙を漂っているように優雅で美しい**。

アポロチョコ風に見えるのは、中央がぼんやりと赤黒いからであるが、ダテに色がついているわけではない。これは胃なのだ。なぜ胃に色がついているかといえば、胃のなかのもの、つまり自分が食べたほかの深海生物が発する光を遮断するためである。せっかくディナーを満喫して、「さて、一服」などと余裕かましているときに、胃のなかが光っちゃってはだれに見つかるかわからないからだ。

体に色をつけて光を遮断するというのは、深海のクラゲの特徴ともいえる。深海の生物には発光するものが多いからである。

ちなみに、赤は深海では基本的に見えない色なので、クロカムリクラゲの赤い体は、深海の闇のなかに隠れてしまうことが可能だ。そんな美しさと防御機能の両方を兼ね備えた効果的な体で、ノルウェーのフィヨルド地帯にひんぱんに姿を現わすのである。

同科にはベニマンジュウクラゲという薄ピンク色のクラゲがいるが、こちらはまったく美しくない。体の色が赤という点が同じなだけで、アポロチョコ風でもないのだ。

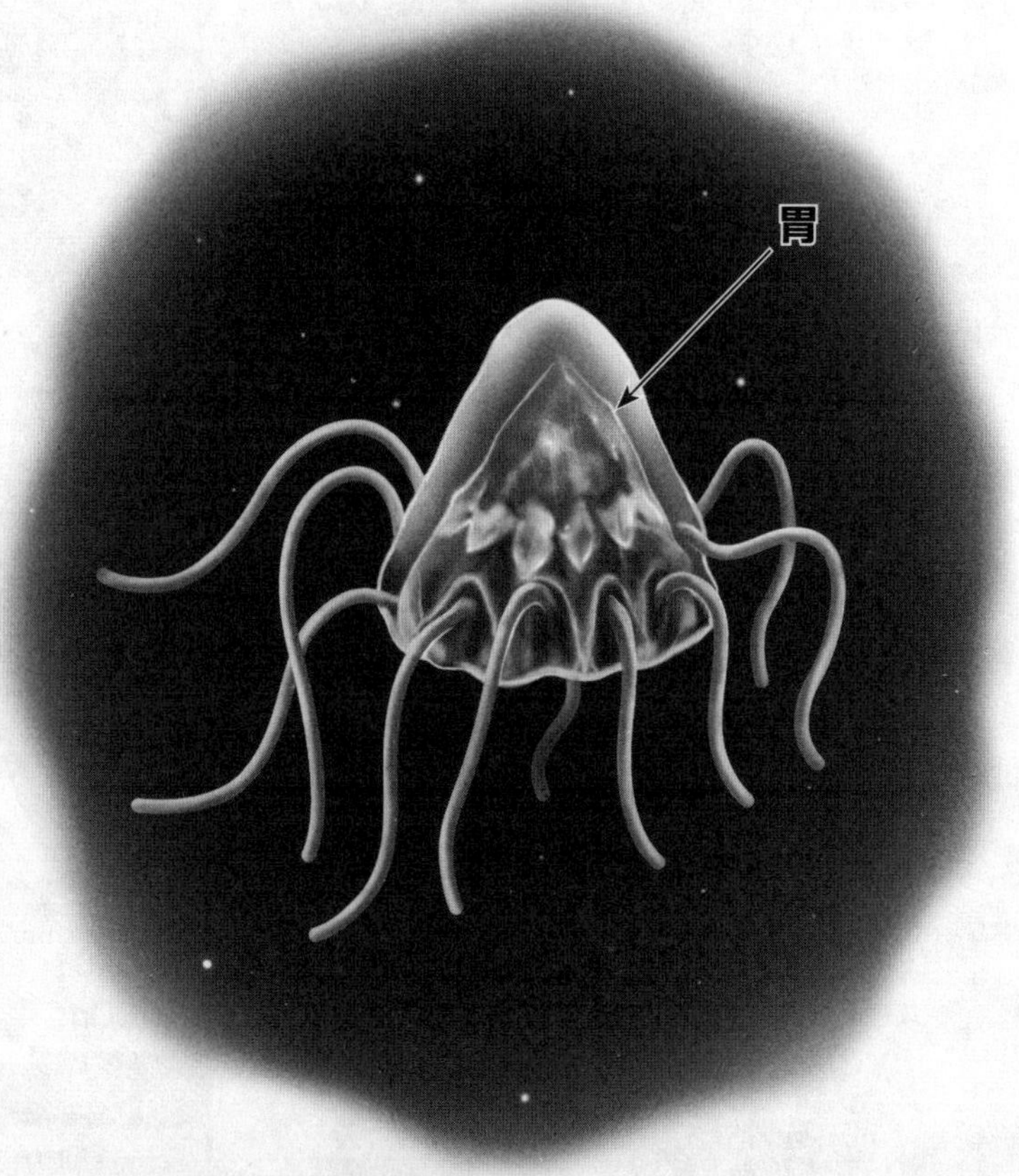

「宇宙ってどんなところなの?」

ダンボの耳で浮遊する「バレリーナ」

ジュウモンジダコ

深度
700～2500m

体長
8～10cm程度

生息地
(不明)

　ゾウの耳のようなヒレをもつことから「ダンボのタコ」とも呼ばれるこのジュウモンジダコは、まさに**ダンボが耳で空を飛ぶように、**そのヒレを使って水中を泳ぐ。

　スカートのような膜は、伸縮させることで推進力にもするが、ときに丸くふくらんで、まるでバレリーナのような優雅な姿を見せるときもある。

　ジュウモンジダコ最大の特徴は、そのスカートをめくった裏側にある。そこにある隠れた吸盤が光るのである。「こんな海底くんだりで吸盤を張りつける場所なんてないわ」というわけか、吸盤は発光器へと役割を変えてしまっているのだ。

　放射状に並んだ発光器の列は、真珠のコマーシャルにでもなりそうな美しさを誇るが、美が恐怖の戦略と表裏一体になっているのは深海ワールドの法則だ。

　ジュウモンジダコは、その発光器によって、光に集まるカイアシ類などをおびき寄せる。そして、まんまと寄ってきたエモノたちを、スカートの下に作った粘液の膜という**少々エロティックな響きのするワナ**で、ペタペタとくっつけて捕らえてしまうのだ。

　そしてまた、ゼラチン質の軽い体を活かして、ふらふらと浮遊し続けるのである。

「アン、ドゥ、トロアのステップよ♪」

海底の泥をなめるかわいい「ブタ」

センジュナマコ

このナマコの名前は、英語にすると〝ｓｅａ ｐｉｇ〟。直訳すると「海豚」となり、漢字文化圏のイルカとなる。「豚」という言葉は、イメージがあまりよくないけれども、水深６５００ｍといった世界に生きる10cmほどの小動物にまで使われるとは、その用途の広さはあっぱれだ。

　イルカと豚はちょっと遠いんじゃないかと物申したくもなるが、センジュナマコは、確かに**うっかり豚にまちがいかねない容姿**をしている。足はあるし、敵を突き刺す角のような長い突起まである。もちろん、豚には角などないし、足の数も多少異なるが、ま、カタいことをいわなければ、白っぽい色合いと、**うつむきがちな様子は、まさにのどかな豚さんである**。しかも、その容姿が女性たちを魅了したのか、「かわいい！」と人気が急上昇。フィギュアまで出たのにはびっくりだ。

　しかし、センジュナマコはそんなこと気にしていない。足といっても小さな管が歩行のために使われるようになったという経緯だし、角を振り回して戦うべき敵なども存在しない。その角状突起を船の帆のように使ってバランスをとって歩き、ひたすら泥をなめて有機物をゲットするという生き方は、地味で地道な深海ワールドの住人そのものである。

深度
3000～6500 m

体長
10cm程度

生息地
(不明)

「えっ？ ボク、人気があるの？」

樽をかかえたクリオネ?

タルガタハダカカメガイ

深度	1500m付近
体長	4cm程度
生息地	オホーツク海、地中海、カリブ海など

クリオネと同様に、透明な体と翼のような「翼足」をもつが、下半身が大きく樽のような形をしているので、この名前がついている。**「樽」がすこぶる巨大なヤツもいて、雪だるまのように見えたり**もする。

透明な「樽」のなかで消化器官などの内臓が赤っぽく輝いて見える様子は、まるでランプが灯されたようで華麗《かれい》だ。

しかしタルガタハダカカメガイは、そのかわいらしい見かけによらず、容赦ない肉食生物として知られている。口は体長の2倍の長さにまで伸び、自分の3倍の大きさの生き物を食べることができるのである。

タルガタハダカカメガイは、仲間に当たるほかの腹足類（巻貝など）を食べる。エモノのなかには、植物性プランクトンを補足するために直径2mにもなるという大きな「網」を広げる種もいるが、タルガタハダカカメガイはその腹足類に出会うと、その網を引き寄せ、相手が自分の射程に入るところまで近づいていく。

そして貝殻をもつその生物の貝殻と体を引き離し、**鋭い歯で相手に食らいつく**という。

ちなみにタルガタハダカカメガイは4cmほどの大きさしかない。人（貝）は見た目によらないとはこのことである。

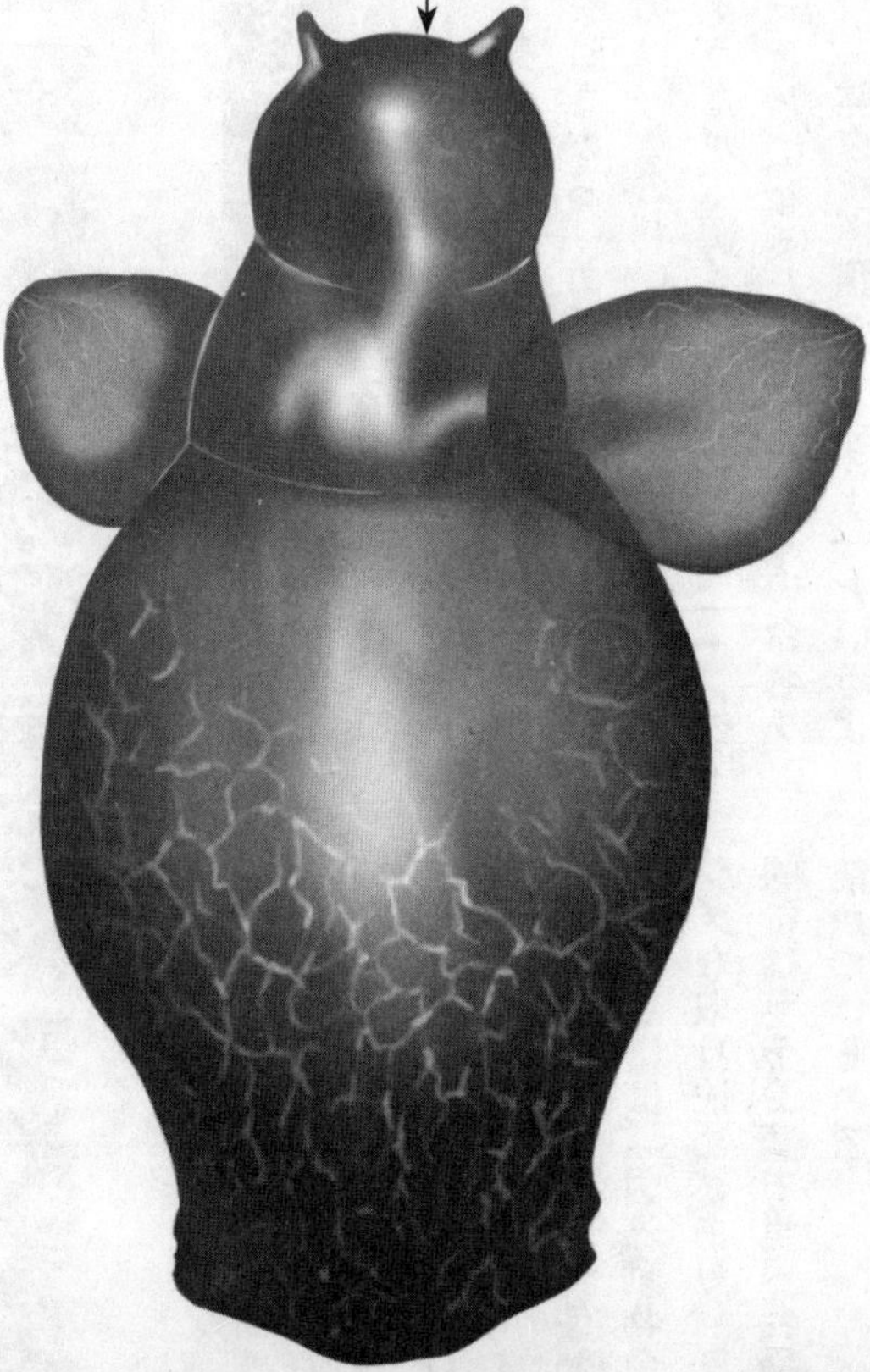

「かわいいからって
甘く見ないで」

変な名前の深海生物ランキング5

深海魚は見た目だけでなく名前も不思議

●命名はどうやってなされる？

深海魚の名前には、命名理由を聞きたくなるものが多数ある。まるで竜宮からやってきたような美しさから「リュウグウノツカイ」、仲むつまじさから「カイロウドウケツ」といったものは、気の利いたナイスネーミングだといえそうだが、「ウルトラブンブク」「ブタハダカ」などになると、「せっかくの命名チャンス、一発ウケを狙っちゃえ！」というような意図が見え隠れし出す。

広く魚介類に視野を広げると「オジサン」「サブロウ」「スベスベマンジュウガニ」など、いったい陸にいるのか海にいるのかすら想像が難しいものが数多く存在する。

さて、どうやって命名がなされるかだが、先に紹介したような名前は「標準和名」といわれ、日本語のみで通用する俗称である。それとは別に、国際的に使われる「学名」がある。学名には「国際動物命名規約」というマジメな取り決めがあり、それに基づいて一般的にはラテン語で世界共通の呪文のような名前がつけられる。

いっぽうで和名は、発見した学者などのなかで話し合ったり調整したり、ということで決まるらしい。要するに酒の席の酔った勢い

Column

NAME	COMMENT
1. ウルトラブンブク	イマドキの「テクノ系茶釜」か？と思わせる　→176ページ
2. ピンポン・ツリー・スポンジ	直感を全面的に採用、というかそれだけ　→196ページ
3. ガンコ	無精ヒゲとイカツイ顔がガンコそう？　→66ページ
4. ザラビクニン	ザラザラした感触の「比丘尼（＝尼さん)」　→84ページ
5. バケダラ	ヒトダマのようだからお化けの「バケ」　→69ページ

で「え、『オジサン』？むちゃくちゃだけど、ウケるね。よし、それにしちゃえ、決まりだ、がははははー」なんてこともあるんじゃないかと想像される。

ウケ狙いなネーミングも悪くない

愛嬌のある変な名前がついている深海魚ほどメジャーになり、身近に感じられるという気もするので、ウケ狙いネーミングもあながち悪くないかもしれない。

さて、今回のランキング。「ウルトラブンブク」は、「ブンブクチャガマ」というウニの巨大版の意。本書登場種のなかでは、ふざけ度、ぶっ飛び度ともに群を抜き、堂々1位にランクイン。「ピンポン・ツリー・スポンジ」は、第一印象を一言で表わした子どもたちの答えをそのままつなげたようなネーミングが、テキトーかつ大胆だが、いい得て妙ではある。

長い鼻をもつ「深海のキメラ」

テングギンザメ

深度
200〜2600m

体長
1〜1.5m程度

生息地
日本、オーストラリア、ペルー近海など

その名からイメージされるとおり、ほかの魚にはない、**天狗《てんぐ》のように長い鼻先**が特徴だ。おかげで体長は1・5m近くにもなる。

サメと名はつくものの、全身の骨格が軟骨で構成されている軟骨魚類であるという点を除けば、その特徴はサメとはずいぶん異なる。たとえば、サメが5対のエラをもつのに対して、テングギンザメは1対しかもっていないし、背ビレの先端部分にトゲがあり、毒をもっていることなどもユニークだ。またとくに、胸ビレを羽ばたかせるようにする泳ぎ方は、もはや鳥のようですらある。

鋭く長い鼻先は、**痩《や》せて神経質になったムーミンを想像させる**が、単に長いわけではなく、どうもそれで海底の泥を掘り起こしたりしているらしい。そこからなにか有機物などを得ているのだろうか。

くわしい生態はあまり知られていないが、流線型で滑らかな姿は、美しくもあり、独特な魅力を放っている。英語では、「鼻の長いキメラ」という意味の名称をもつが、キメラとはギリシア神話に登場する伝説の動物で、ライオンの頭とヤギの胴体とヘビのシッポをもつ。テングギンザメをいくつかの動物に分けるとすれば、カバの鼻に鳥の羽、魚の体、といったところになるのだろうか。

「ムーミンだよ♪
え？ 似てない？」

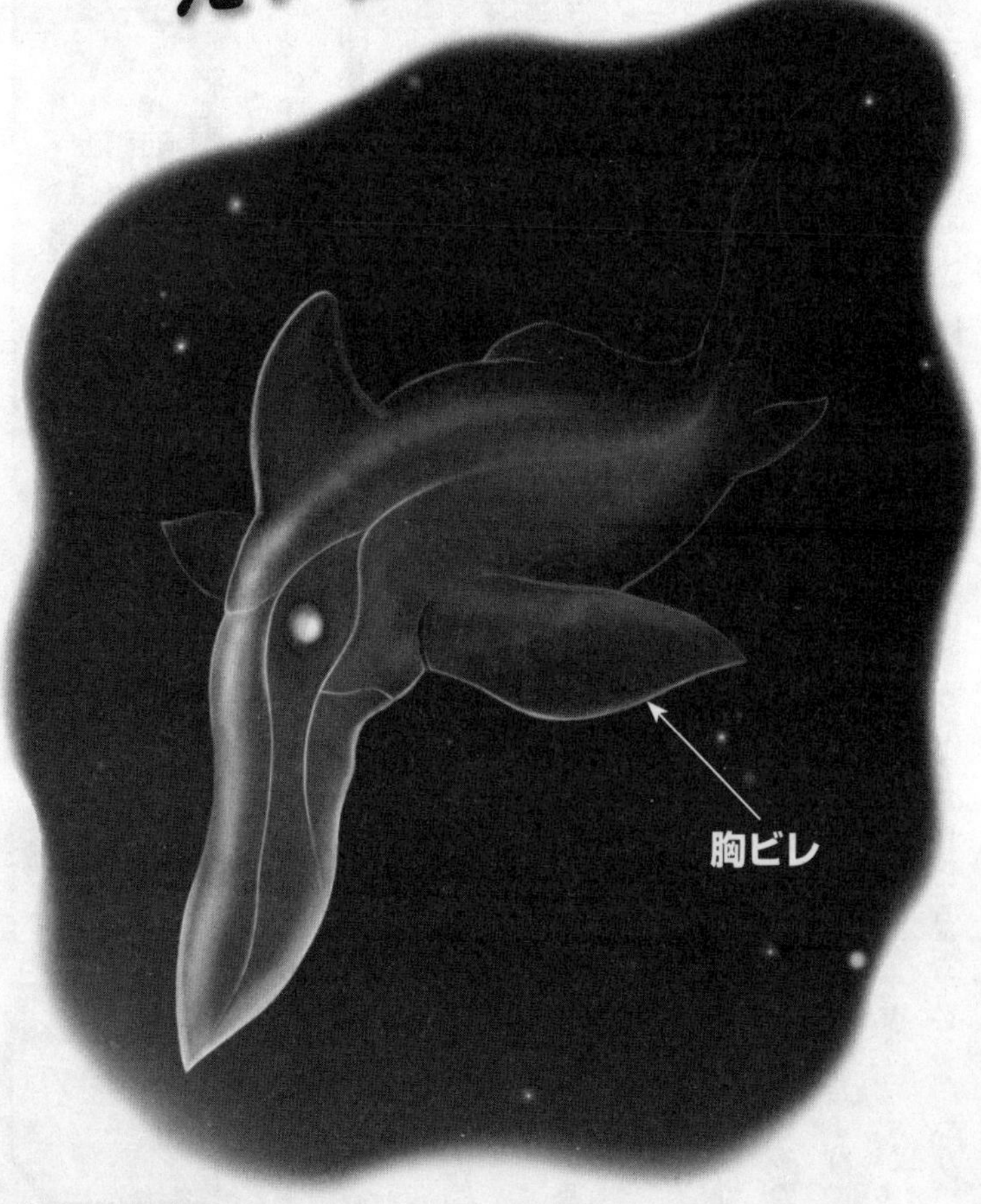

美しく光る成魚とぶっ飛んだ目玉の稚魚

ミツマタヤリウオ

深度
400～800m

体長
～50cm程度（メス）

生息地
北太平洋の温帯域

　非常に細長い体と、その頭から下に長く垂れ下がる「ヒゲ」が印象に残る。ヒゲの先に付いている発光器によってエモノをおびき寄せ、長い体の下に等間隔に並ぶ発光器をスイッチオンすると、その姿は、もはや**「泳ぐクリスマスイルミネーション並木道」**といった雰囲気で壮麗だ。

が、そんな華やいだ姿を披露できるのはメスだけだ。ミツマタヤリウオもまた、チョウチンアンコウのようにオスがやたらと小さく、女権社会のにおいが漂っている。

　しかしなんといってもこの魚のおもしろさは、幼生期の姿である。稚魚の時代も体が細長いことに変わりはないが、顔の側面からヒゲのような長細いものが左右に1本ずつ伸びている。そうか、このどちらかがいずれあの発光器つきのヒゲになるのかなと思わせるが、まったくそうではない。

　なんとこの**ヒゲの先には目玉がついている**のである。成魚からは想像できないこのぶっ飛んだ姿に対しては、「視野が広いほうが有利だから」などと推測できるが、十分な説得力はない。理由はいまだに不明だが、数多《あまた》の学者がこぞってなぞの解明に取り組むようになるためには、まずはミツマタヤリウオがメジャーになるためのPR活動が必要だろう。

「光の演出ならまかせて！」

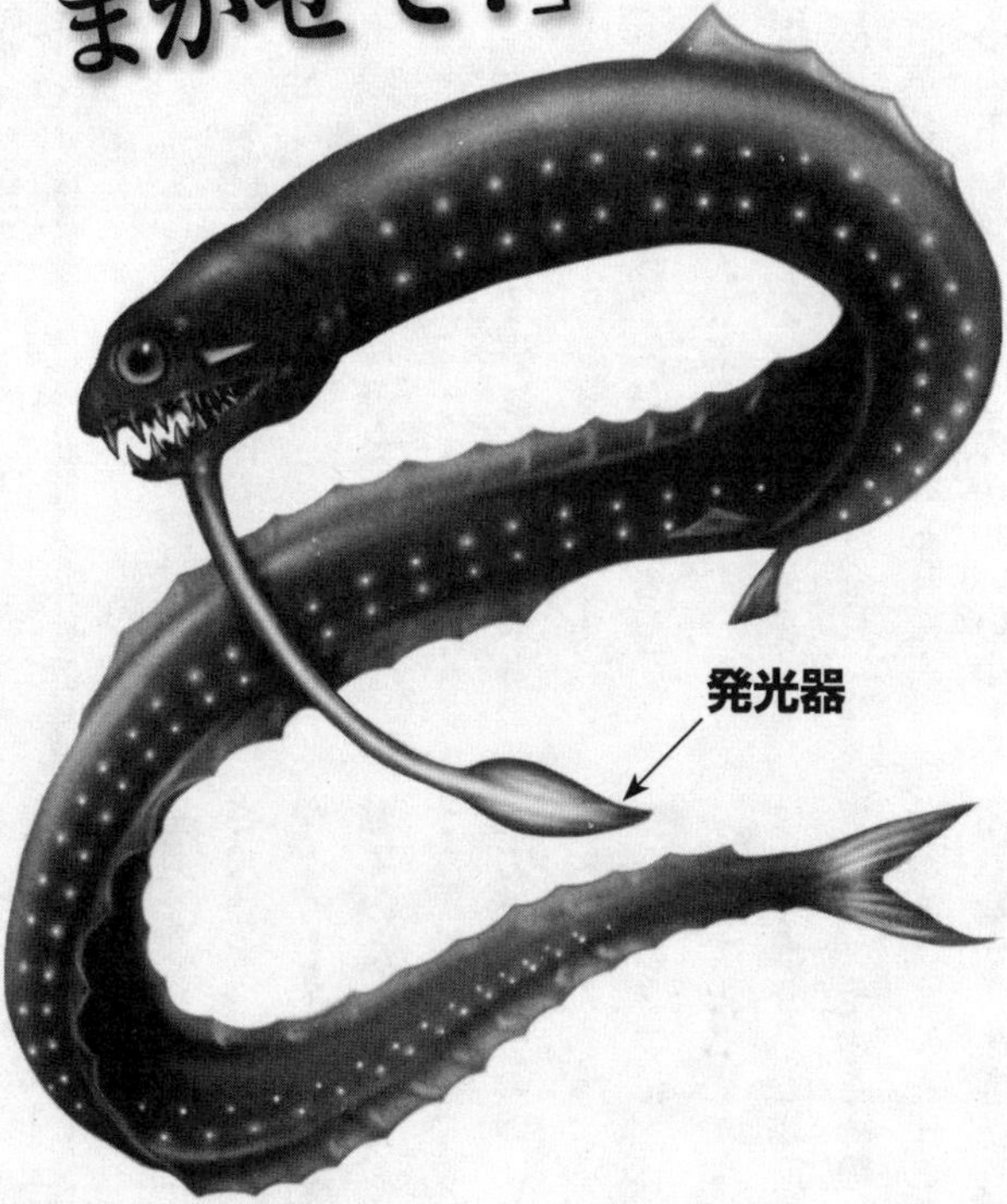

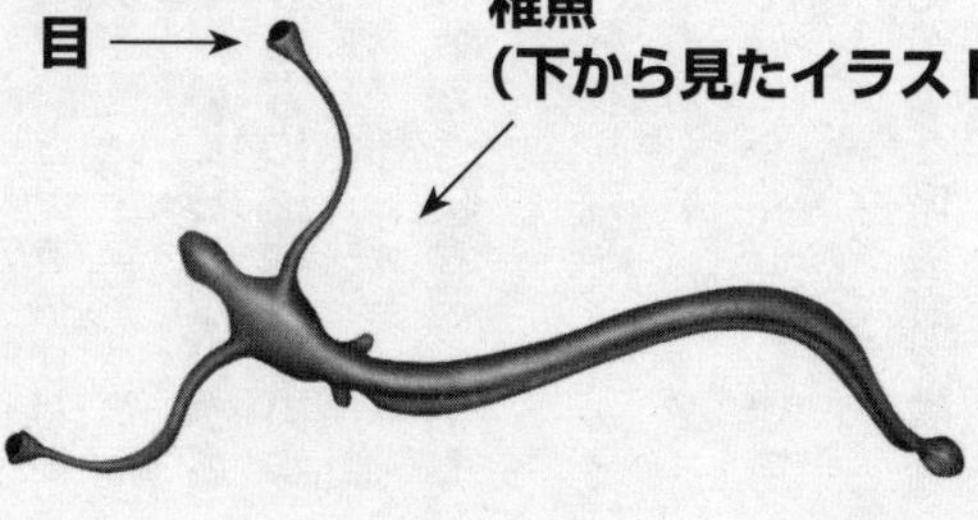

メンダコ

「耳たぶ」と「水かき」で省エネ遊泳

「立てば芍薬《しゃくやく》、座れば牡丹《ぼたん》、歩く姿は百合《ゆり》の花」という言葉は、美しい女性の立ち振る舞いを花にたとえたものである。

これを、海底で赤く妖艶《ようえん》な姿を披露してくれるメンダコに応用すると、「立てばどんぐり、座ればゾウさん、泳ぐ姿はＵＦＯ」などといった感じになるだろうか。つまり、もう何にでも見えるのである。体がとても柔らかく、状況に応じていろんな形になるのだ。ただ、**海から出るとぺちゃんこ**になってしまう。

メンダコがどんな形をしているときも目につくのは、頭からニョキっと出ている耳たぶのような2つの小さなヒレ。このかわいい小道具を駆使して、ほかのタコと動きのすばやさで差をつけるのか……と思いきや、いやいやどうして。**小さすぎて、いくらパタパタさせてみたところで、大した力にはならない**ようだ。おそらくこれは姿勢制御に使って、推進力は腕とその間にある水かき的な膜で出しているのだろう。

普通のタコは、体に水を取り込み、それをふん出することですばやく動くが、メンダコは水を取り込む場所が十分になく、それができない。そのため膜やヒレで泳ぐのだろう。それもエネルギーの供給が少ない深海で省エネしながら生き抜く術なのかもしれない。

深度
数百〜1000m

体長
26cm程度

生息地
アメリカ西部沿岸、ベーリング海、オホーツク海など

「耳じゃない、りっぱなヒレなの！」

リュウグウノツカイ

伝説を生む、優美で最大の硬骨魚類

銀白色に輝く細長い体と、赤いたてがみのような背びれが非常に美しい。しかも大きいものでは体長が8mにもなるというのだから深海での**その存在感は群を抜いている**と思われる。ちなみにリュウグウノツカイは硬骨魚類（骨格の大部分が硬骨と呼ばれる硬い骨でできている魚）のなかで最大のものである。

太平洋からインド洋にかけて、網にかかったり、海岸に打ち上げられたりと発見例は少なくないが、その生態の多くの部分はなぞに包まれている。美しくなぞめいた存在であることから、世界各地でリュウグウノツカイをもとに多くの伝説が生まれたと考えられており、人魚のモデルになったという説もある。

普段は長い体を縦にしていて、移動するときには体を横にまっすぐ伸ばして背ビレをたなびかせながら泳ぐ。また、オキアミなど小さな甲殻類を食べていることも胃の内容物から判明している。が、わかっていることはその程度のようだ。

印象的なのは、発見されたリュウグウノツカイを写した写真の多くで、**10人ほどが横並びになって一緒に魚を担いで、「イェ～イ！」という風に記念撮影**している様子である。そんな写真を見ると改めて、この魚の巨大さと珍重さが実感できるのである。

深度
200～1000m程度

体長
2～8m程度

生息地
日本近海・北太平洋・インド洋

「乙姫さまが
お呼びでございます」

ユメナマコ

大胆かつ妖艶な魅力で、攻撃者を圧倒する

ひたすら海底の泥をなめ、サエない暮らしを余儀なくされるほかの多くの深海ナマコとは、一線を画した豪華な優美を誇るのがユメナマコである。

ワインレッド色で透き通る体をもち、足が変型してできたヒレで泳ぐことができるのが特徴。その様子から「深海のフラメンコダンサー」とも称されるが、**ユメナマコを見ると、ナマコの野暮ったいイメージは一気に払拭される**ことは確かである。

優美なのは風貌だけでなく、その防御法も一風変わっている。不意に敵が襲ってきたら、まずユメナマコのザラザラした肌は光り始める。その姿は、完全シースルーの赤いドレスと無数の宝石を身にまとった高貴で大胆なお姫様のようにも見え、攻撃者の目を唖然とさせる。が、おどろくのはこのあとである。まぶしいばかりに輝く肌を、自らの体から引き剥がし、攻撃者の顔に張りつけるのだ。

ユメナマコの妖艶な姿と顔にくっついた光る肌によって、攻撃者は大混乱におちいり、「こりゃたまらん」と逃げていくことになる。

まさに**深海のお茶目なプリンセス**であるが、忘れてはならないのは、それでも所詮はナマコであるということだ。食事のときは、やはり泥をなめ、地をはい回るしかない。

深度
500～5000m

体長
5～35cm（程度）

生息地
世界各地の深海

「あら、ご一緒に ダンスはいかが？」

156

アカチョウチンクラゲ

海でもやっぱり赤提灯は人気者

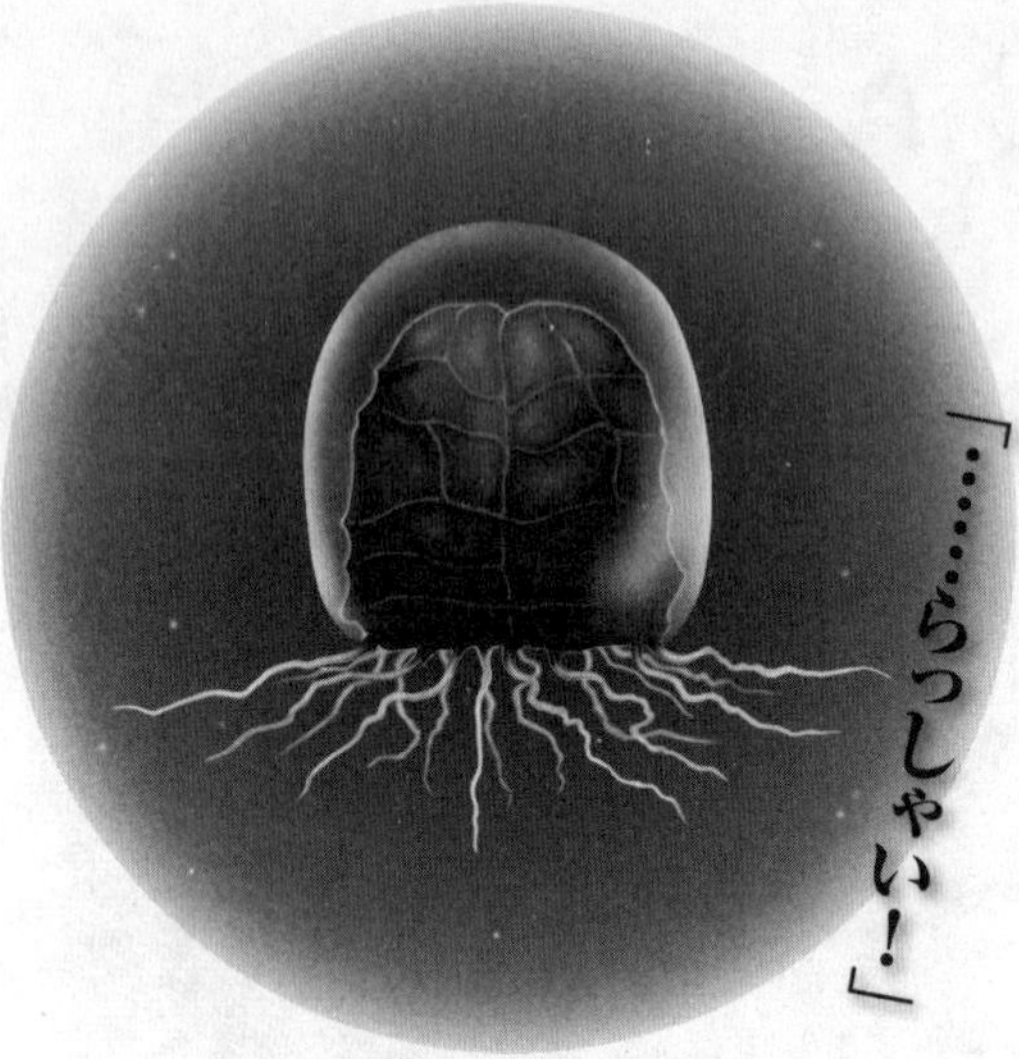

　このクラゲは、きれいな赤みをもったその愛らしい姿以外、生態はこれまであまり知られていなかった。が、08年、日本の海洋研究機関の高解像度映像によって、その挙動がわかってきた。

　そのなかで、アカチョウチンクラゲには、ヨコエビ類、ほかのクラゲの幼生などが付着して**多くの生物の生活の場**となっていることが確認されたのは意義深い。

　というのも、二酸化炭素の増加にともなう海洋の酸性化の影響を受けることが大いに危《き》惧《ぐ》されている、このアカチョウチンクラゲが**死滅すれば、連鎖的に多くの海洋生物に影響が及ぶ**可能性がわかったからだ。

　同時に、アカチョウチンクラゲというネーミングの卓抜さも判明したといえよう。赤い外見のみならず、深海でもやはり赤提灯にみな集まる、ということになるからだ。

エボシナマコ

大きな「烏帽子」がよく目だつ

「泥はまろの好物じゃ」

このナマコの特徴は、なんといっても、細長い体のお尻に大きな突起がオッ立ってることである。この突起を「エボシ（＝烏帽子）」に見立てたのが明治時代の学者だというのは納得である。いまなら、ウシの角、もしくは元気なイチモツあたりに落ち着くのが関の山だろうが、**エボシとつくだけでナマコも日本らしい風流な美しさに満ちてくる。**

さて、この「エボシ」は、センジュナマコの突起同様、**船の帆のような役割**を果たしていると考えられる。つまりこれによって、軽い体でも浮かんでしまうことなく海底を歩くことが可能になるのだろう。

また、海底の泥をなめて、なかの有機物を吸収するというのもセンジュナマコと同じである。見た目はちがえど、両ナマコはともに板足目に分類され、深海で同じ苦労を味わいながら生きているのだ。

オウムガイ

美しい殻をもつ、イカ・タコの仲間

「今流《は》行《や》りのデザインなのよ♪」

イラストのように殻に入っているが、イカやタコと同じ頭足類である。漏斗《ろうと》（筒のようなもの）と呼ばれる器官があるのも同じで、そこから出す水を推進力に移動する。

殻は縞《しま》模様が描かれていてとてもきれいだ。そして、さらにすごいのは殻の内側。殻は一見、巻き貝のものとよく似ているが、なかがとても細かく仕切られているのだ。殻は内側に向かって巻いている。そしてその方向に垂直にいくつもの仕切り板がある。そのためオウムガイの体は殻の奥までは入れず、なかには空洞が残る。が、その空洞にガスが詰まっていて、浮力を調節しているのだ。

そのいっぽう、殻の美しさを帳消しにするような、**90本もの触手が気味悪く伸びている。**それに絡みとられたエビなどの小さなエモノは、硬いアゴでかみ砕かれ一気に昇天《しょうてん》、というわけだ。

158

食べたエモノで体の色が決まる
オヨギゴカイ

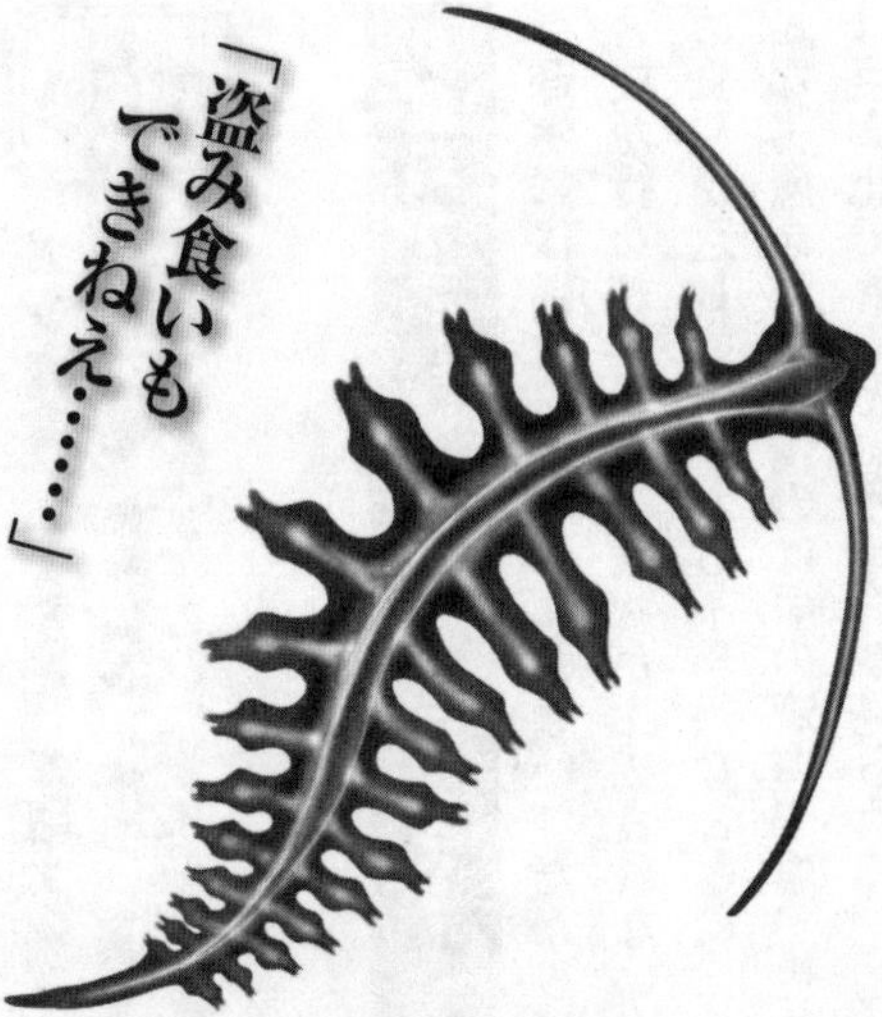

釣りエサとしてよく知られるゴカイは、一般にミミズのような雰囲気で、けっして外見的に人間を喜ばせる存在ではないが、このオヨギゴカイは、美しい色と滑らかな泳ぎっぷりが、なかなか魅せるヤツである。

色はさまざまで、**赤やオレンジ、紫、そして透明のものまでいる。その色は、種類のちがいではなくなにを食べたかで決まるという。**なにを食べたら赤くなるのかはわからないが、中心をなす細長い体とそこから左右に伸びるたくさんの足が真っ赤に染まった姿は、紅葉した葉を見るようできれいだ。その姿で足をオールのように使ってスイスイ泳ぐ。

また、オヨギゴカイは黄色い光を発することができるが、赤同様に深海のほかの生物が一般に見ることができないこの色の光を出してなにをしようとしているかは皆目わからないらしい。

メシがなくとも生物が巨大化する深海のなぞ

巨大な体をもつ深海生物ランキング5

食料が乏しいのになぜ巨大化？

深海にはほとんど光が届かない。だから光合成が行なわれず、有機物が生成されないため食料が乏しい。しかし不思議なことに、そんな劣悪な栄養事情のはずの深海でも、生物は巨大化できるという傾向が見られる。

ヒドロ虫のオトヒメノハナガサは、花のような風貌なのに150cmにまで成長する場合がある。大きな口をもつ化け物のようなサメ、メガマウスは5mになるし、伝説的なダイオウイカは20m近くにもなることができるというのだから、深海には生物が大きくなれる不思議なメカニズムが隠されていると思わざるを得ない。

その理由のひとつとしては、生物自体の数が少なく天敵とあまり出会わないため、安定した成長環境を確保できることが挙げられるだろう。実際、シロナガスクジラが小さなプランクトンを食べて30m程度にまでなることを考えれば、案外、敵さえいなければ生物は巨大化できるものなのかもしれないと想像させられる。いずれにしても、深海での巨大化のメカニズムはまだなぞに包まれたままだ。なので、とりあえず理屈づけはその辺までとして、以下、ランキングを見てみよう。

Column

NAME	COMMENT
1. ダイオウイカ	海の巨大怪物の目撃談は数百年前からある　→ 46 ページ
2. クダクラゲ	小さなクラゲたちで役割分担して巨大な 1 匹に　→ 132 ページ
3. リュウグウノツカイ	デカイだけでなく美しさも兼ね備える　→ 152 ページ
4. メガマウス	体の巨大さ同様、口もデカイ！　→ 56 ページ
5. ガラパゴスハオリムシ	花のような見た目だが、2m にもなる　→ 180 ページ

ダイオウイカがやはり巨大王

堂々1位にランクインしたのやはりダイオウイカ。こいつは、そのサイズのみならず、もはやその存在感自体がビッグだ。深海の巨大伝説を支える大黒柱だといえよう。そしてそれを追うのがクダクラゲ。なんと40mにもなり、世界一長い生物に名乗りを挙げているヤツだ。しかし、これはじつは、個虫といわれる小さなクラゲたちが集まって大きくなったものなので、「そいつはずるい」という声も聞こえてきそうだ。が、それぞれの個虫が役割分担してあくまでもひとつの生物として生きているのだ。

リュウグウノツカイは、美しさと巨大さを同時にもち合わせるため、概しておどろおどろしい怪物系が多い巨大生物界に一石を投じる存在だ。大きいものは8mにも達する。

カブトクラゲ

人間を悩ませる、虹色に輝くカブト

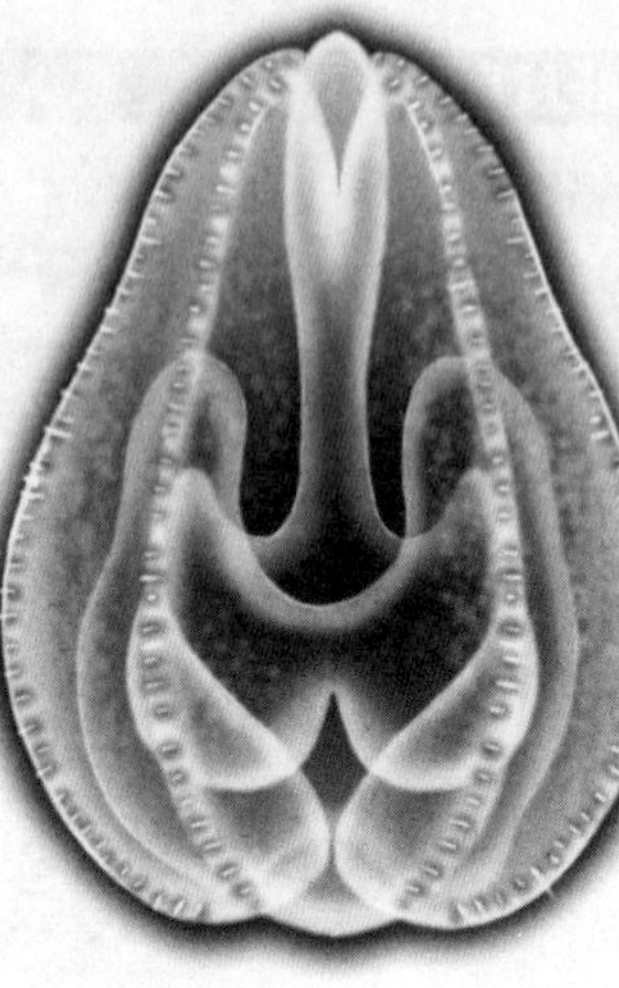

「よく食べられてます……」

カブトクラゲは、この章の冒頭で紹介したウリクラゲと同様クシクラゲ類である。同じく櫛板をもち、豪華な虹色に輝くクラゲ界のセレブである。それなのに、同類のウリクラゲに丸のみにされることがあるというのはなんとも切ないが仕方がない。

せっかくカブトという強そうな名があるのに、風船のようなまんまるなボディでは、見る影もない。ゼラチン質の体からはいくつか突起が出ており、それが水に対して抵抗となって、水より重いゼラチン質の体を沈めずに生きているようである。

このカブトクラゲも、その美しさにただ見とれていると痛い目にあう。といっても、刺されるという話ではない。**夏季に大量発生してほかの漁の作業を邪魔したり、発電所の冷却水取入れ口に詰まったり**してしまうのだ。人間にとっては頭を悩ます存在である。

光るイチゴ、いや、シラタマか？

カリフォルニアシラタマイカ

「巨大イチゴ」という、うれしいような恥ずかしいようなあだ名を頂戴しているこのカリフォルニアシラタマイカだが、頭部だけを見ると確かに真っ赤に熟したイチゴのようにおいしそうで、かつ美しい。

まさにイチゴの種のごとく全身に埋め込まれているのは、発光器だ。周囲の明るさに合わせてそのオン・オフを自在に行ない、外敵から姿を隠すというハイテク時代の「光るイチゴ」なのである。

だがその高等技術も、使いこなすのが難しいのか、敵が強すぎるのか、マッコウクジラにはよく食べられてしまうようだ。**クジラ1頭のお腹のなかから2000匹ものイチゴ君たちがお目見えした**こともあるという。

しかし最大の疑問は、イチゴのようなのに、なぜ日本名が「シラタマ」なのかということではなかろうか。

164

ゲンゲ（ゲンギョ）

ぷよぬるのゼラチン質をまとう魚

おもに日本海で、ズワイガニ漁の底引き網にまぎれて獲れる。ゲンゲにも多くの種類があってその**ほとんどはゴミとして捨てられる**悲しいヤツらだが、クロゲンゲなどは鍋料理に適した存在として知られ始めている。

水深200〜1800m程度の深い海底でしばしば発見される。ぷよぷよとした柔らかいゼラチン質で体がおおわれていて、触るとぬるぬるしている。しかしそのテカテカの体をくねらせながら泳ぐ様子は、場合によっては、妖艶な人魚のごとく見えそうだ。

ちなみに「ゲンゲ」は、もともと「下魚（ゲンギョ）」がなまったところから来た名前らしい。それが今は「幻魚」や「玄華」と書かれるのだから、**字ヅラ的にはすごい出世**ぶりだ。低温が好きな魚で、冷たい深海に潜って生きてきたが、ついに陽の目を見たといったところかもしれない。

ガラスの透明度で姿を隠して生きる

スカシダコ

英語では「ガラスのタコ」ともいわれるほど、きわめて透明に近い体をもっていて、その外見は繊細な工芸品のような華麗さに満ちている。

あまりにきれいなため、ほかのタコ仲間からはもしかすると、「ちょっと透明だからって、スカシてんじゃねーぞ」などとダジャレ風にいじめられているかもしれない。

が、透明な理由は、あくまでも身を守るためだ。**歯も毒も硬い殻ももたない**このタコは、生き延びる手段として透明になって自らの姿を隠すことを選択したのだ。それは多くの深海生物が光をつかってカモフラージュするのと同じである。

スカシダコが唯一透明にできなかったのは消化腺。だから、円柱形のその器官の影ができるだけ小さくなるように、消化腺がつねに縦に向くような姿勢を保って泳いでいる。

ダーリアイソギンチャク

ダリアに似ているのは美しさだけじゃない

「おいしくないってば!」

モコモコっとした感じがダリアの花のように見えるのでこのような名前がついたようである。

全体を取り囲むたくさんの触手は無数の花びらのように広がっているし、色は鮮やかな橙色で、確かにきれいでダリアに似ている。

とはいえ、やはりイソギンチャクなので、触手におおわれた内部の中央上部には口がある。触手には毒まであり、触手に触れた生き物は毒で麻痺させられ、それから口に運ばれるのだ。このダーリアイソギンチャク、大きさは20~30cmほどにもなるのだが、そこも花のダリアと似たりよったりといえよう。

さらに**食用としても利用可能というところも共通している**のが興味深い。ダーリアイソギンチャクのほうは味噌和え、ダリアの花のほうは酢の物、吸い物、天ぷらにもOKという報告がある。

ニジクラゲ

美しい光と細い足で敵をあざむく

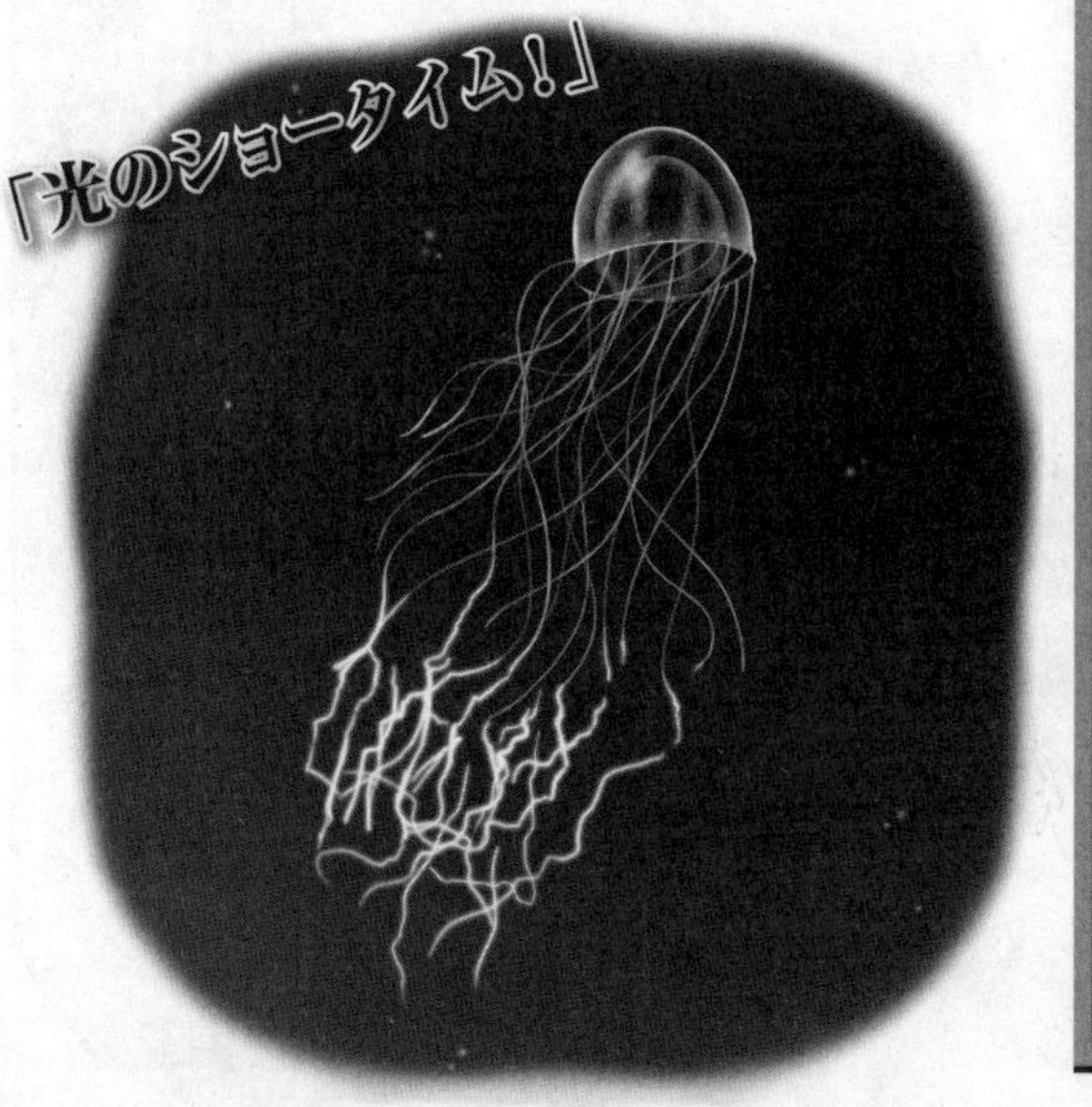

CHARM

深海のクラゲは、クロカムリクラゲのように光を遮断するために自分の体に色がついているというほうが一般的なようだが、ニジクラゲは、むしろ**自分から積極的に発光することを武器**としている。

ニジクラゲは、敵に狙われたときに自ら触手を切る。すると、あら不思議、酵素が放出され、海中の酸素と反応し、その触手がみるみるうちに光りだすのだ。

それを見て「おお？　なにが始まったのだ？」なんて見とれていたら、まさにニジクラゲの思うツボ。

その美しい触手で敵の目をあざむいている間にそそくさ逃げる、というわけである。

触手を切って発光するという捨て身の技はおそらくニジクラゲだけのものだろう。しかし、自分のシッポを切って逃げるトカゲにもよく似た逃走術のようにも感じる。

ホタルイカ

富山の海を優美に彩る深海のホタル

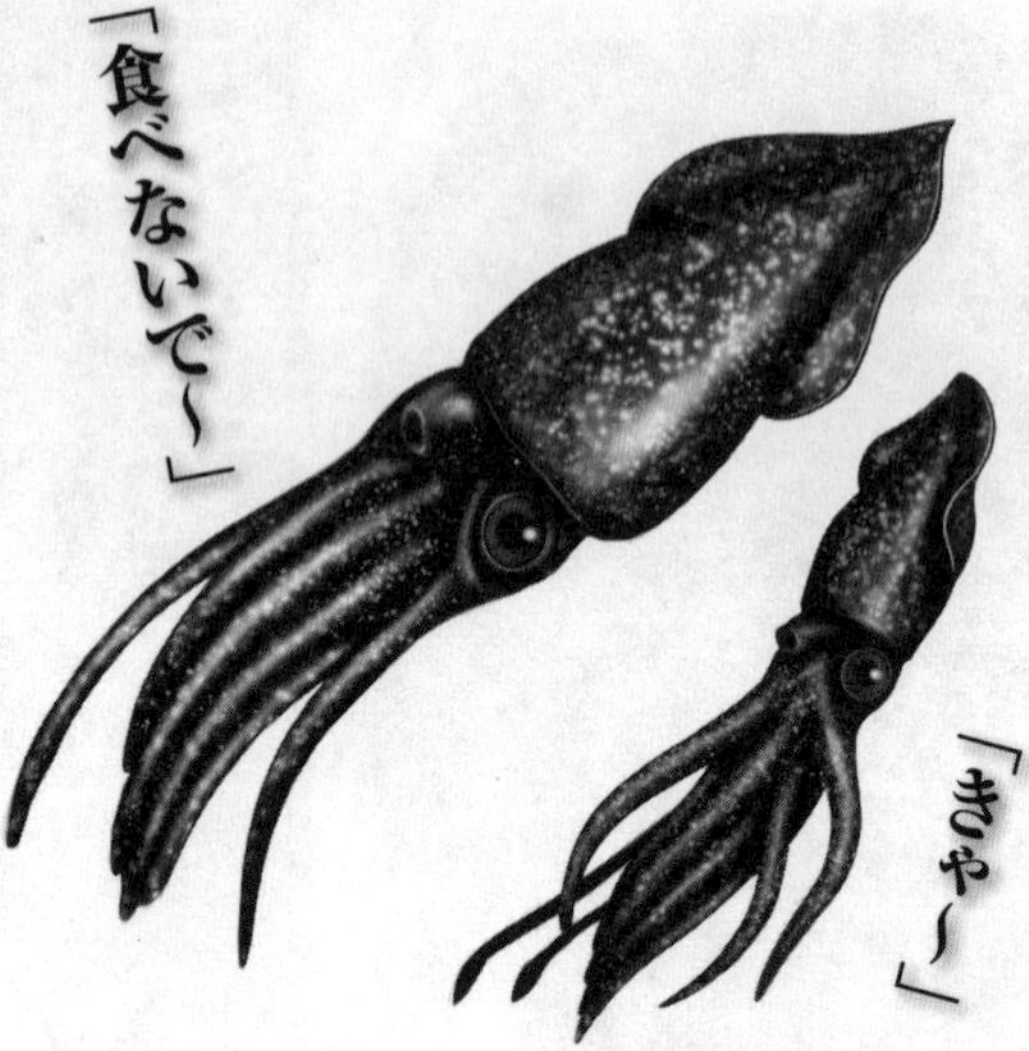

佃煮《つくだに》や刺身などで食用としても私たちにとって身近な深海の生物だ。

名前のとおりホタルのようによく発光するこのイカは、富山湾で3〜6月ごろ、産卵などのために岸近くに集まってくる。**夜な夜な集団で光る様子はとても優雅で、その海面が天然記念物に指定されているほど**である。

ホタルイカが光るおもな目的は、ほかの深海生物と同様、自分の影を消して身を守ることである。ホタルイカの発光器はなかなか高性能で、ちゃんと周囲の明るさに合わせた発光具合にするために、外の光を感じながら調整する器官をもっている。

また、4対の腕の先端には敵を威嚇するための強い光を発する発光器ももち合わせている。さらに、光でたがいに合図を送り合っているらしいともいうのだから、彼らには光こそ万能の道具のようだ。

ムラサキギンザメ

優雅に泳ぐ鳥型ロボット？

「歯の矯正……したほうがいいのかな」

その名のとおりムラサキがかった暗い色のボディと、大きく光るガラス玉のような目が印象的だ。さらに顔や体を走る複数の線が体のつなぎ目のようで、人工的に作られたロボットのようにも見えてくる。

この線は「側線」と呼ばれ、水の圧力の変化や流れを感じるための器官である。ムラサキギンザメも、この章にすでに登場したテングギンザメなどと同じギンザメの仲間だ。やはり胸ビレを羽ばたかせて泳ぐが、その大きな胸ビレがゆっくりと動く様はなかなか優雅で、美しい鳥のようにも見えてくる。

英語で**ギリシア神話の伝説の動物「キメラ」にたとえられる**由縁だが、そのいっぽうで、「ラットフィッシュ」すなわちネズミにもたとえられているのがおもしろい。口のなかには、ネズミのように出っ張った歯が並んでいるのである。

「みんなで協力!」美しいクラゲの大企業

ヨウラククラゲ

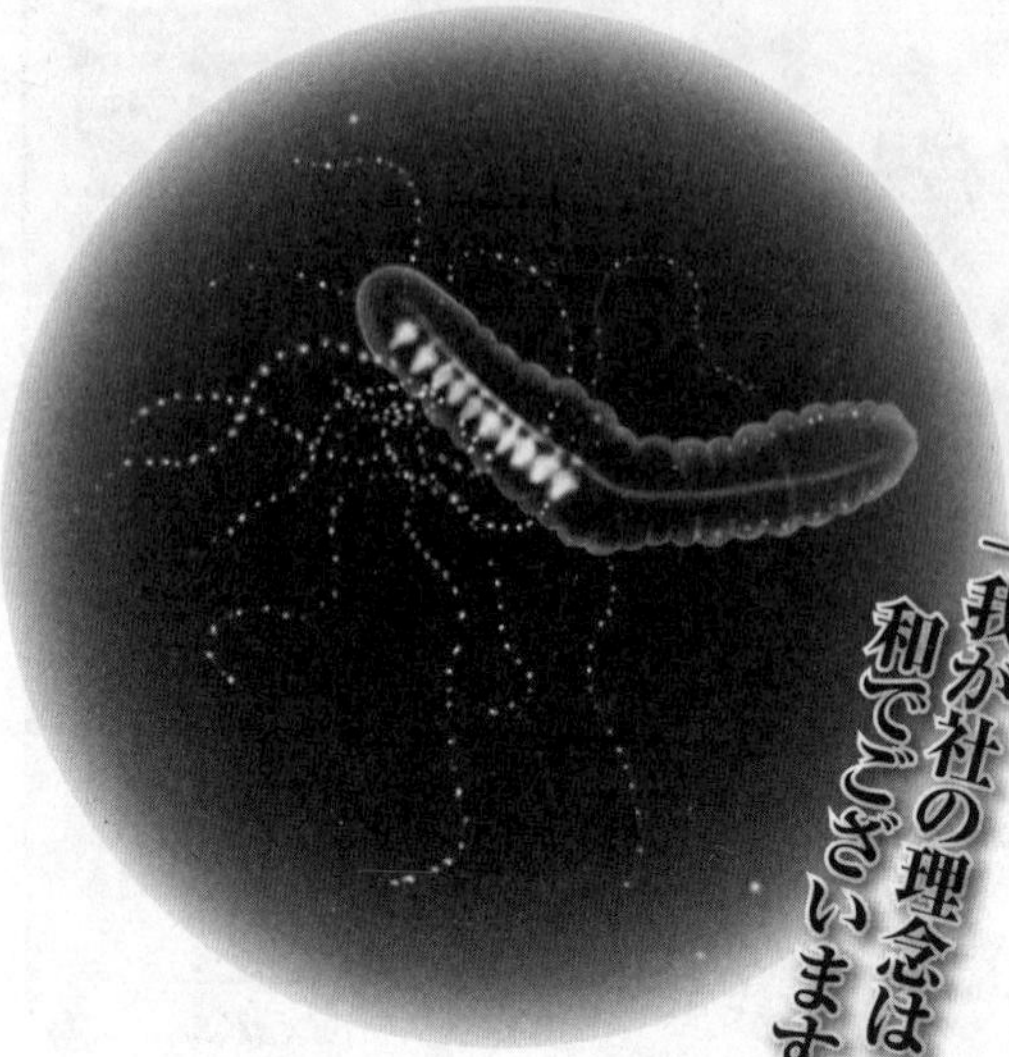

「我が社の理念は和でございます」

クダクラゲと同様に、「群体」といって多数の小さなクラゲ（個虫）が集まってひとつのクラゲとなっている。

それぞれの個虫には役割が決まっていて、「おれは泳ぎ担当で」「じゃ、私は消化専門ね」といったようにみな受けもちの仕事をこなして集団で生きている。いわば、**ひとつの大企業のようなクラゲ**である。

個虫同士は、「幹」と呼ばれる伸び縮みするヒモによって相互に結ばれているため、ヨウラククラゲ自体は細長い。また、幹を取り囲むその個虫たちがガラスのように輝いているため、ヨウラククラゲはガラス細工のような美しさを見せるのだ。

さてその個虫たち、体の前半部は推進と浮沈を担当し、後半部は体の保護に徹するという。そう聞くと、もはや**群体というより軍隊**のような気さえもしてくる。

4章
陰気で暗いヤツら

Gloomy

ウミグモ

海底で貝などの体液を吸い取る「巨大グモ」

深度
広い範囲に生息

体長
10～30cm以上にもなる

生息地
世界各地の海

浅海から深海まで広く生息する、種類も豊かな海洋性の節足動物である。深海に棲むものは浅海に棲むものよりずっと大きく、10cmから、大きいものでは30cm以上にもなるという(後出のベニオオウミグモ参照)。

ウミグモの特徴は、なんといっても足が長いこと。**体のほぼすべてが足といっても過言ではなく、腹部はほとんどただの突起**、胸部は足をつなぐ接合部にすぎないといったあんばいなのだ。その自慢の足を使って、海底をさまよい歩き続けている。

ウミグモの食生活についてはよくわかっていないが、貝やイソギンチャクなど軟らかい体をもつ**生物の体液を吸い取ったり**しているらしい。クラゲや貝に寄生するものもいるようで、最近ではカイヤドリウミグモという種が大量発生してアサリに寄生し、アサリ漁業が大きな被害を受けたという報告もある。

腹部、胸部のつくりからもわかるように、体のつくりはクモとはかなり異なる。ただ、クモと名前がついているものの、ウミグモの口に当たる部分にはさみ状のものがあり、これがクモの口に似ているのだ。

ウミグモも自分で糸を出して巣でも張りたいところかもしれないが、水中で実現するためには、高度な技術開発を要しそうだ。

見渡す限り
巨大グモの絨毯《じゅうたん》

ウミユリ

花のような姿をした、ウニ・ヒトデの祖先

一見、花のようなウミユリは、じつはヒトデやウニと同じ棘《きょく》皮《ひ》動物。しかも何億年も前から姿を変えておらず、棘皮動物の原型ともいわれ、シーラカンスやコウモリダコと同様に「生きた化石」と呼ばれる。

普段は体を茎のように立てて、その上部から複数伸びる腕を円形に広げて、花のような姿で海底にじっとしている。

海流の流れに乗ってきた有機物を花のように広がった腕で捕獲する。腕にはたくさんの繊毛《せんもう》がついていて、それによって有機物は「花」の中心部にある口まで運ばれるのだ。

しかも、**ときどきウミユリは歩く**のである。全体が横倒しになり、「花」の部分を足のようにして地面を掻《か》き、「茎」の部分を引きずるようにしてジワジワとはって進むのだ。

ここまでくると、ウミユリが植物ではないことがいよいよ明白に感じられるだろう。が、ウミユリの無防備さは植物に近い。自分で身を守る手段はほとんどもち合わせていないため、ガンガンに食べられてしまう。けれど、再生能力が高いため、傷口はまた元通りになるという。**1億年ほど前は浅海にいたが、恐竜に食べられまくったらしい**。そしてだんだん深度を下げて逃げながら再生しまくり、いつしか深海の住人となったそうだ。

深度
100～
9000m程度

体長
30～50cm
程度(不確定)

生息地
世界各地の
海

「歩くところは見ちゃイヤよ」

ウルトラブンブク

海底をノソノソ歩く深海の「茶釜」

どうもふざけた名前に聞こえるが、ブンブクはブンブクチャガマの短縮形。ブンブクチャガマといえば、**当然昔話で有名なあの茶釜《ちゃがま》を思い出す**が、ここでは、その茶釜を想起させるウニの名前である。

ウルトラブンブクは、要するに大きなブンブクチャガマで、ウニの一種。大きいものでは20cmにもなる。

浅い海にいる普通の小さいブンブクは、魚などに狙われないように海底の砂のなかに潜っているが、大きな体にウルトラなんていう称号を冠したこのウルトラブンブクは、深海の海底を堂々と歩いている。外敵が比較的少なく、しかも大きいため襲われることを心配しないでいいのかもしれない。

ウニは棘皮動物で、ヒトデなどと同様に一般に5放射相称。つまり5方向に対称な形をしていて、口が下、肛門が上という構造になっている。が、ブンブクたちは、口が前で肛門が後ろという、前後のある左右対称な形をしている。

ハデな名前とは裏腹に生き方は地道だ。足と腹についたトゲを使って海の底を歩きながら、泥のなかの有機物を丹念に拾い集めて口に入れる。しかも**食べながら同時にフンをするというせっかちなヤツ**でもある。

深度	700～2000m程度
体長	10～20cm
生息地	相模湾など

「あとにしてくれないか。いま忙しいんだ！」

オタマボヤ

自ら家まで作る深海界きっての「自立派」

深度
100～
200m付近

体長
数mm程度
（本体のみ）

生息地
世界中の海に
広く分布

「このオタマボーヤ！　ボヤボヤすんな！」などと、ヤンキーにいびられそうなボンボンっぽいネーミングで、しかも一生オタマジャクシのような弱々しげな姿のまま。だがそれでもオタマボヤは、じつは深海では最も自立して生きているひとりかもしれない。

というのも、オタマボヤはなんと自分で自分の家を作ることができるのだ。自分の体から出る分泌物によって、直径数㎝ほどの家を作り、そのなかで暮らす。そして、上から降ってくる**小さな有機物などの天の恵み**を待ち、家に引っかかったものを食べて生きているのだ。

ただ、降り注ぐ食料によってじょじょに「家が目詰まり」してくるというのが、残念ながらオタマボヤ建築の甘さだ。そうすると、新居への引越しが必要となる。しかし、すこぶる簡単にできるのがこの家のよさで、なんと、作り始めてから完成するまでの時間は、数分だという。そうやって1日に数回、**目詰まりした家を捨てて新居に移るらしい**。

オタマボヤは、カイアシ類という小さな節足動物のフンを食べるが、カイアシ類はしばしばオタマボヤが捨てた家の破片を食べる。つまりここには、フンと家とを提供し合う共生関係ができているわけだ。

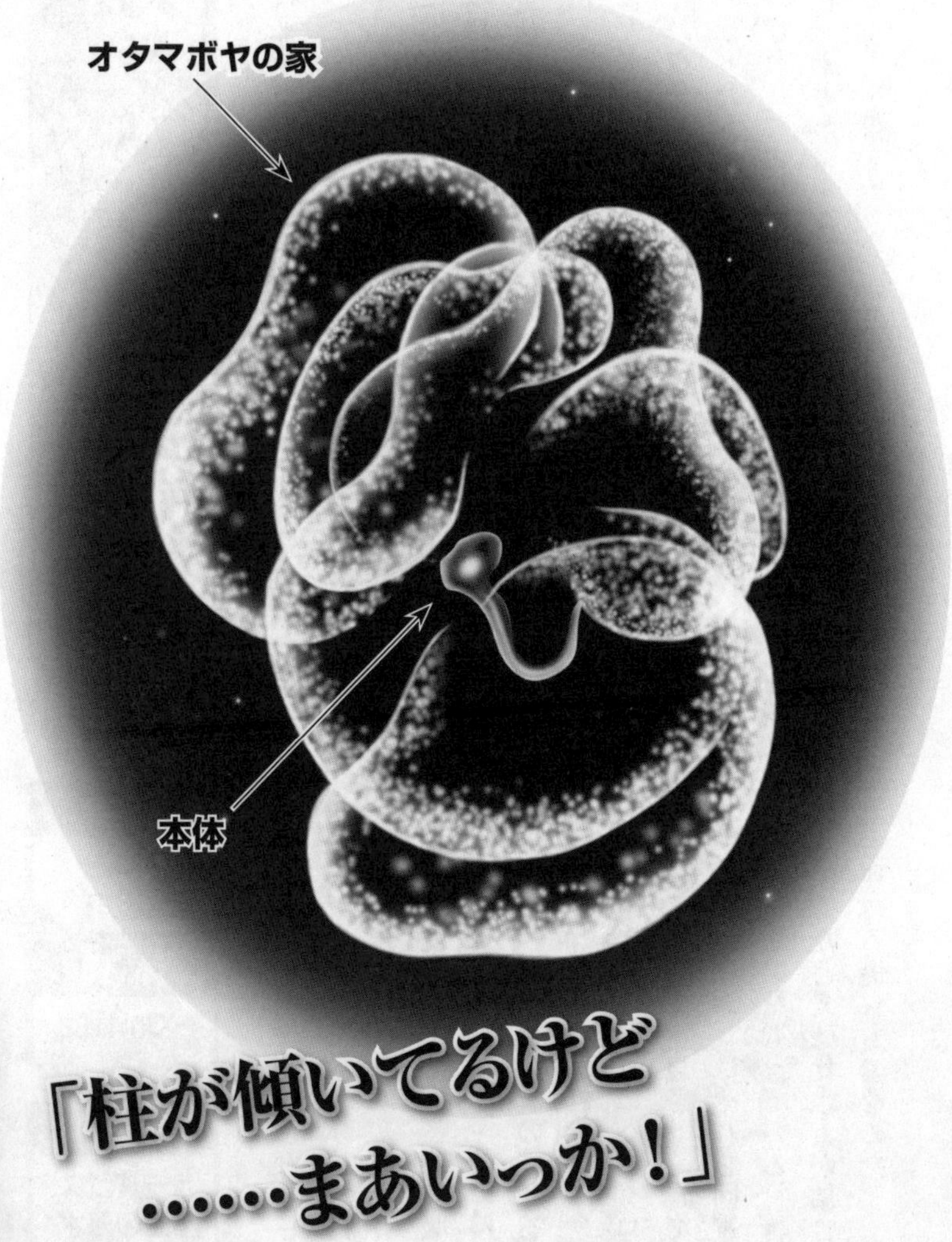

「柱が傾いてるけど……まあいっか！」

ガラパゴスハオリムシ

バクテリアとともに育つ深海の花畑

深度
2000～2850m

体長
～3m程度

生息地
ガラパゴス諸島の熱水ふん出域

太平洋の東側の熱水ふん出孔の周りで見つかったこの生物は、真っ赤なエラと細長い白い管でできた植物のような見た目である。海底にへばりついて群生する姿は、まるで北海道のお花畑のようにも見える。

発見当初この生物は、「目もないし、口も肛門もない。どうやって食物摂取や排泄《はいせつ》をするんだ?」と、専門家を悩ませた。が、じつは、**バクテリアと共同生活を送っている**ことがわかった。そのバクテリアは硫黄酸化細菌と呼ばれ、この場所で熱水とともにふき出す硫化水素と酸素を化学反応させることからエネルギーを得て生きている。ガラパゴスハオリムシは、硫黄酸化細菌を体内にたくさん飼い、真っ赤なエラなどから硫化水素と酸素を取り込んでそのバクテリアに与える。と同時に、硫黄酸化細菌が分泌する有機物を吸収して生きているのだ。そうやって2mにまで成長するのだから、**バクテリアのくれる有機物というのはなかなかあなどれない**。

硫化水素は、酸素の代わりにヘモグロビンと結合することで生物を窒息させる毒であるが、ガラパゴスハオリムシはそれを回避できる巨大なヘモグロビンをもっている。特殊なヘモグロビンで、たとえ硫化水素が結合しようと、酸素も運べる優れものなのだ。

「バクテリアは私のよき友です」

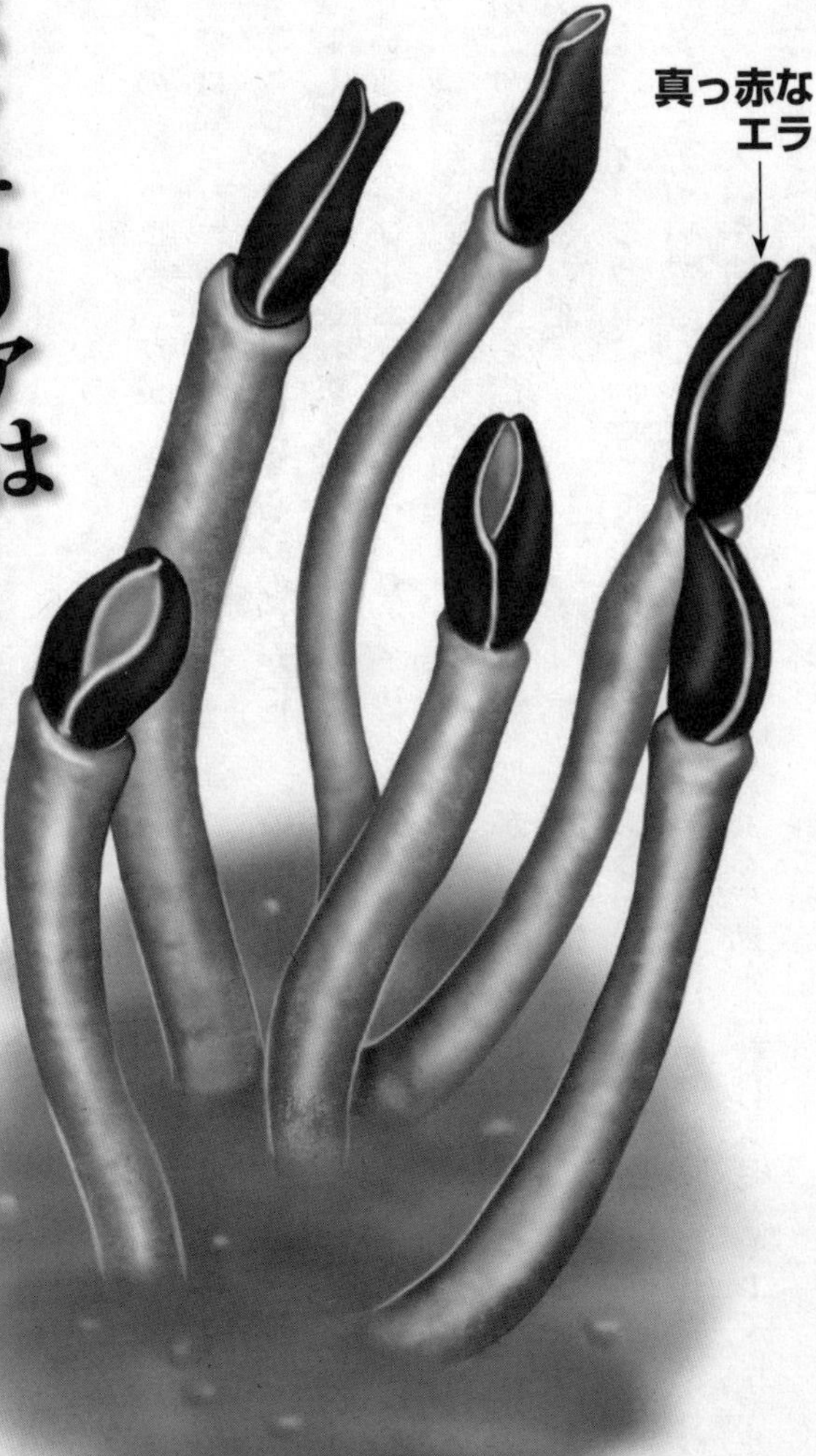

海底の砂のなかに隠れてエモノを狙う

キアンコウ

深度
500 m 程度

体長
～ 1.5m 程度

生息地
北西太平洋、日本海、黄海、東シナ海など

アンコウ鍋として、冬の食卓を盛り上げるのがこのキアンコウ。だが、味ほどには、その生態は知られていないかもしれない。

キアンコウは、**普段はひたすら砂のなかに身を隠して、エモノを捕まえる**機会をうかがっている。エモノをおびき寄せるためのイリシウム（誘引突起）が頭から伸びるが、それと目だけを砂のなかから出して、じっくりエモノを待ち続けるのだ。

そして、イリシウムに向かって小魚などがいい具合に近づいてきたら、いきなり姿をあらわにし、大口を開けてパクッといくのである。「隠れてるなんて卑怯だ！」なんて理屈は通用しない。

砂のなかに簡単に隠れられるよう、体はとても平たくできている。さらに、体色が海底の砂のような茶色や黄土色であることも手伝って、砂の上に普通に体を置いただけでもその姿を見失いそうなほど、すっかり地面と同化できる。まさに隠れんぼう上手な体に仕上がっているのである。もちろん、それでも**人間からは隠れきれずにアンコウ鍋となってしまう**のではあるが……。

ちなみに、生まれつき隠れているわけではなく、幼魚時代は大きなヒレで浮遊生活を送っている。

「最近、おいしいの
来ないなあ……」

自分の体でバクテリアを養殖する

ゴエモンコシオリエビ

深度
700～1600m

体長
6cm程度

生息地
沖縄トラフなどの熱水ふん出孔付近

ゴエモンコシオリエビは、300℃近くになる熱水ふん出孔のそばで生活することから、**釜茹《かまゆ》での刑となった大盗賊・石川五右衛門にかけて**この名前となった。一見カニのように見えるのは、その名のとおり腰を折っているためであり、これはエビの一種である。

ゴエモンコシオリエビは、しかしこんな深海の熱水地帯で再び釜茹でになろうとしているわけではない。ガラパゴスハオリムシなどほかの熱水ふん出孔の住人と同様にここで、硫化水素を利用して生きるバクテリアとの共生生活を送っているのである。

ゴエモンコシオリエビの腹側には剛毛が密生するが、その剛毛にバクテリアが付着して生きている。そしてゴエモンコシオリエビは、そのバクテリアをつかみ取って食べていると考えられている。つまり自分の食料を自分の体で養殖しているというわけだ。そして、そのバクテリアが増えるために硫化水素が得られる熱水ふん出孔のそばにいないといけないのである。

ところで、石川五右衛門は煮えたぎる釜のなかで真っ赤に茹で上がったにちがいない。逆にゴエモンコシオリエビは、熱水のそばにいながら**漂白剤で洗ったかのような白さ**だ。茹立って赤くなることはないようだ。

『あっしは義賊ですから』

シンカイエソ

海の底でエモノを探す雌雄同体の大型魚

男女の悩みは、時代、場所、種を問わず、生物界最大のテーマだ。

だが深海では、充実した恋愛をしようにも、まず出会いがほとんどないのである。真っ暗だし果てしなく広い。「ここに行けば、ヒロシもモトコもみんないるはずだ」という盛り場があるわけでもない。つまり、ほかの生物と出会うこと、しかも、自分と同種の異性に出会うことは簡単ではないのだ。

でも、出会いがなければ子孫を残すことができず、生物にとっては死活問題である。そこでシンカイエソは、雌雄同体という体になる方法を選んだ。つまり精巣と卵巣の両方をひとつの体にもち、**1匹でオス・メス両方の役割を果たせるように進化したのだ**。

とはいってもシンカイエソは、自分ひとりで交尾、出産という大ドラマを完結させるわけではない。やはり相手は探す。でも雌雄同体のため、出会いが簡単なのだ。性別がないので、要は同種であればだれでもいい。

じつに合理的である。そんなわけでシンカイエソは、出会いのことはあまり心配せずに、安心して毎日、**海の底にへばりついてエモノ探しに専念できる**というわけだ。そして、大きな口に針のような細い歯をのぞかせて、ソコダラなどに食らいつく。

深度
1500～5000m

体長
80cm以上にもなる

生息地
東大西洋などに広く分布

「好きな異性のタイプ？とくにないけど」

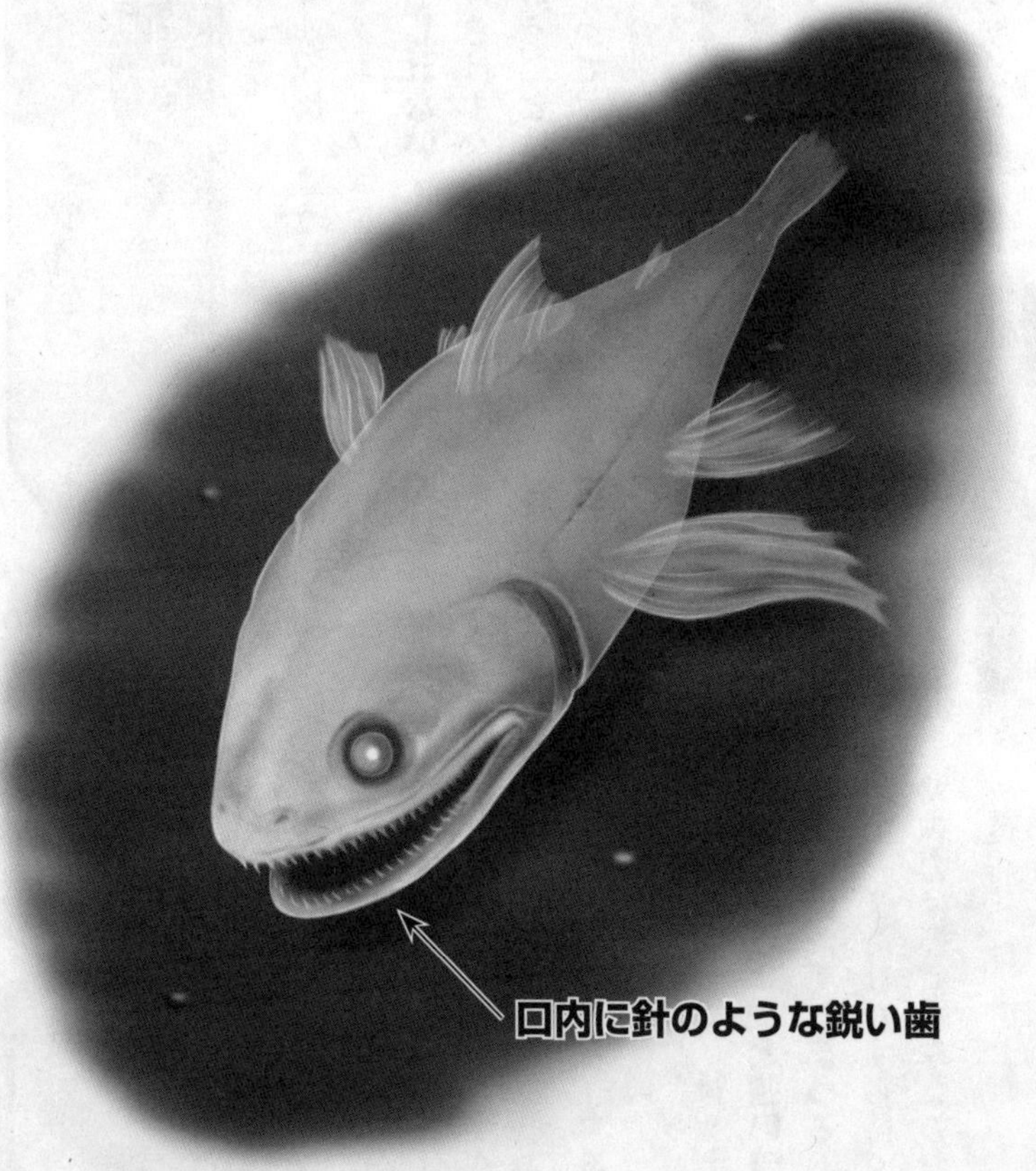

ナガヅエソ

アンテナを立ててひたすらエモノを待つ

深度
600～1000m

体長
20cm程度

生息地
東シナ海・中西部太平洋・インド洋

腹ビレ一対と尾ビレを三脚のように使って海底に立ち続けるナガヅエソは、**忍耐強さでは深海一を誇るかもしれない**。

なにしろ、一応泳げるはずなのに、自分でエモノを追うなどということはせず、ひたすら黙って海底に突っ立って、海流とともに何かおいしいものが流れてくるのを願い、待ち続けているのだ。他力本願の極みだが、これも深海で無駄なエネルギーを使わずに生きるための知恵なのだろう。

もちろん、そのために工夫はしている。顔の周りに、胸ビレを改造した長い突起を複数伸ばし、パラボラアンテナのようにして海流の流れや漂流物を感知しているのだ。

とはいっても、明らかに大きすぎるエモノが海流に乗って勢いよく流れてきたら、よけきれずにふき飛ばされないか、とか、すぐ横だけどちょっと手の届かないところに非常に魅力的なエモノが通りかかったらどうするのだろうか、などと興味は尽きない。

とりあえずわかっていることは、けっしてバランス感覚はよくなく、**ちょっと強い流れがくると、パタリと横に倒れてしまう**こと。そこから起き上がって、またひたすら待って……と考えると、精神力は禅僧並みなのだろうと思わず感服してしまう。

「私待～つわ、ず～っと待～つわ」

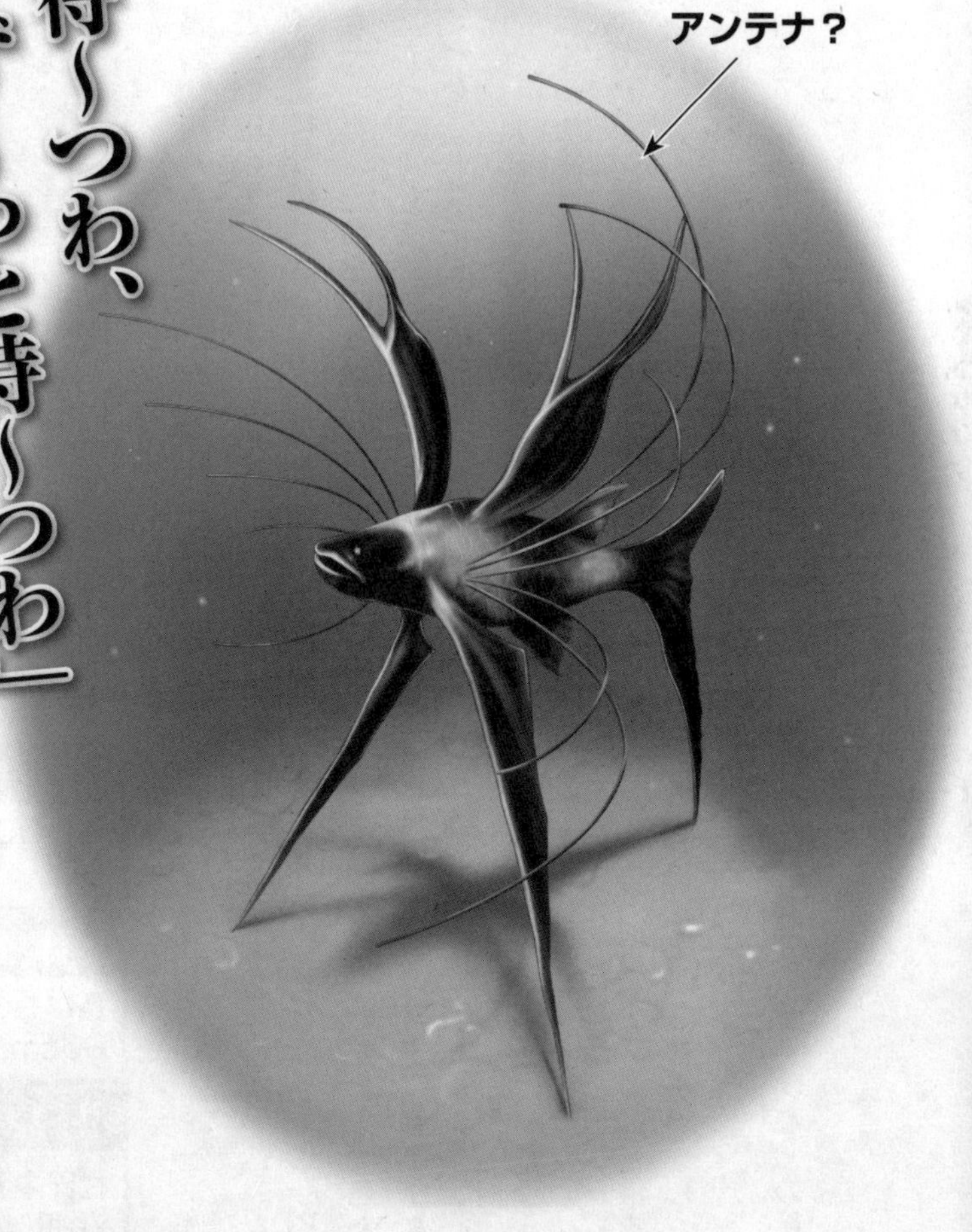

190

ヌタウナギ

非常に原始的なセキツイ動物

深度
〜1000m程度

体長
長いものは80cm

生息地
世界中の深海に広く分布

「ウナギ」と名につくものの、その生態はウナギとはほど遠い別の種類の生き物である。一応セキツイ動物に分類されるが、つねに**「非常に原始的な」**といったあまりうれしくないだろう接頭語がついてしまう。しかし、それはヌタウナギ本人ですらもほとんど否定できない事実だろう。頭に申し訳程度の軟骨がある以外、骨はまったくないのだから。

顔らしき部分には、目もアゴもなく、あるのは鼻の孔と口のみ（なぜかヒゲはある）。その鼻で海底の臭いを嗅《か》ぎまくり、ヌタウナギは地面で体をうねらせながら寄っていくのだ——死肉や弱った魚のもとへ。

アゴがなくかむことはできないため、とにかく頭（口）をエモノの体に突っ込みながら食べ進める。そうして頭からどんどんとエモノの体内へと入っていくのである。死んだクジラにこの方法で**無数のヌタウナギが入り込み、クジラの体が見えなくなるほど**になっていた、という報告もあり、ゾッとさせられる。地獄絵とはまさにこのことだ。

このヌタウナギ、触ると大量に粘液を分泌するため、漁師には嫌がられるが、じつは結構身近な存在だったりする。革がやわらかく、牛革より強いと評判で、サイフなどの材料になっているのだ。

ウゾウゾ……
目もアゴもない顔

深海生活でもたがいに悩みは尽きない

困ったさんな深海生物ランキング5

自分で困る、ほかの生物を困らせる

深海でも、「コイツには困った！」というヤツは少なくない。たとえば、ベニオオウミグモ。体全体が細長い足で、まったく泳ぎには適さない体形にもかかわらず泳ごうとする困ったヤツだ。足をむやみに回転させ「どうしてぼくは泳げないの？」といっていたとしても、だれにもどうしてやることもできない。

迷惑千万な困ったヤツといえば、オオタルマワシ。こいつは他人（ホヤの仲間）が住んでる家に上がりこみ、家主を食べて家を奪うという「強盗殺ホヤ」が生業《なりわい》なのだ。そのなかに卵を産み、しばしばその樽状の家をわが物顔に押して回って「乳母車をもつ」などと優雅なママ的に呼ばれる。

が、殺されたうえにここまでいいようにマイホーム化されると、弱肉強食の世界とはいえ、殺されたホヤ君が不憫《ふびん》である。

人間を困らせるものたち

また、人間から見て困ったヤツというのも深海にはいる。たとえばカブトクラゲは、大量発生して、イリコの漁を麻痺《まひ》させてしまったり、発電所の冷却水取り入れ口に詰まって大停電を引き起こしたりする。ちなみにクラ

Column

NAME	COMMENT
1. カブトクラゲ	大量発生で私たちの生活に悪影響を与える　→162ページ
2. オオタルマワシ	家主を殺して得たマイホームはいかがなものか　→78ページ
3. ヌタウナギ	食べ方のグロさ、ヌルヌル粘液でヒンシュクを買う　→190ページ
4. ベニオオウミグモ	泳げない自分に困りきってる?　→213ページ
5. ニンゲン	深海世界をおびやかす陸上の二足歩行生物　→本書では取扱いなし

ゲの大量発生は世界各地でひんぱんに生じている。漁などへの影響以外にも、刺すことで海水浴を楽しむ人々を意気消沈させるので、そういう意味でもクラゲはなかなか悩ましい存在だ。それからヌタウナギ。クジラの死体などに体をねじ込んで食いまくる姿がすでにグロく、敬遠されそうだが、さらに、ヌルヌルの粘液を体から放出して網のなかに紛れ込んだりするので漁師から嫌われているという。その粘液でほかの魚の商品としての価値を落としたり、漁具を傷めたりするからだ。

そんなわけで、多様な方法で困らせるヤツらを今回はランクインさせた。あれ、5位にあるのは……? そう、ところかまわず漁に奔走する私たち人間が、深海に住むものにとっては最も困ったヤツにちがいない。深海生物とはいい難いが、特別にランキングに入れておきたい。

深海のグルメマスター?

ハゲナマコ

深度
200～2500m

体長
20cm程度

生息地
オーストラリア、ニュージーランド近海など

真っ白な体から生える数多くの足と体の上の無数の突起によって、深海のナマコのなかでも、とりわけ奇怪で気もちの悪い外見をほしいままにしている。

ちなみに、確かに毛は生えてないかもしれないが、それでも**「ハゲ」というのはいいすぎの感もある**。その由来は不明だ。

さてハゲナマコは、地面をはい回りながら泥のなかの有機物を吸い取って生きているが、たくさん足があるおかげで機動力に優れ、比較的広い範囲を歩き回ることができる。だから、栄養価が高くて新鮮な有機物を探し当てることに秀でているという。

なんでもいいから食べないと生きていけないという厳しい生活とは無縁な、とにかく「うまいものだけを食う」という**グルメなライフスタイルを実現している贅沢なヤツ**であるようだ。そしてハゲナマコが海底のたい積物のうまいところをもっていったあとの残りを下々のナマコどもが分け合って食べるのだろうか。まるで、位の高いものからちゃんこ鍋をほお張る相撲《すもう》部屋のごとくである。

また、外敵からの防御にも抜かりがない。襲われると体を青緑色に光らせて相手をおどろかせるのだ。ゆっくり食事を楽しむためにも、外敵対策は重要なのだろう。

「食にはチョット
うるさいですよ」
たくさんの足

かわいい名前の肉食海綿

ピンポン・ツリー・スポンジ

深度
2600～3000m

体長
50cm程度

生息地
（不明）

お気楽パーティ野郎のようなネーミングだし、丸と直線で作られた前衛的なアート作品のようでもあるが、これも**れっきとした深海の生物**だ。数千mにもなる海底の奥深くに静かにたたずむ海綿の仲間である。

海綿といってもいろいろあって、たとえば、2章のカイロウドウケツもその一種であるが、このピンポン・ツリー・スポンジ（長いので以下「ピンスポ」）は、その珍妙な名前に負けないほど特殊な海綿であるといっていいだろう。見た目の特殊さはいうまでもないが、とくにその食生活が独特である。一般に海綿は小さな有機物を海中から摂取するが、ピンスポはなんと肉食なのだ。

ピンスポのきれいな丸い玉の上には、小さな甲殻類などの生物が「こりゃ快適そうな場所を見つけたぞ」とひと休みしに来るが、そいつらこそがピンスポの餌食となる。玉の上に腰を下ろしたが最後、**その生物はマジックテープのようなもので体が玉にくっついてしまう**。するとピンスポの細胞たちは指令を受け、玉の上の生物に向かって移動を開始する。そして必死の消化活動が数日続き、生物はピンスポに吸収され、細胞たちもまた元の場所に戻っていくのだという。海の奥底にへばりついた油断のならないヤツである。

「ワタシ、じつは お肉が大好きなの」

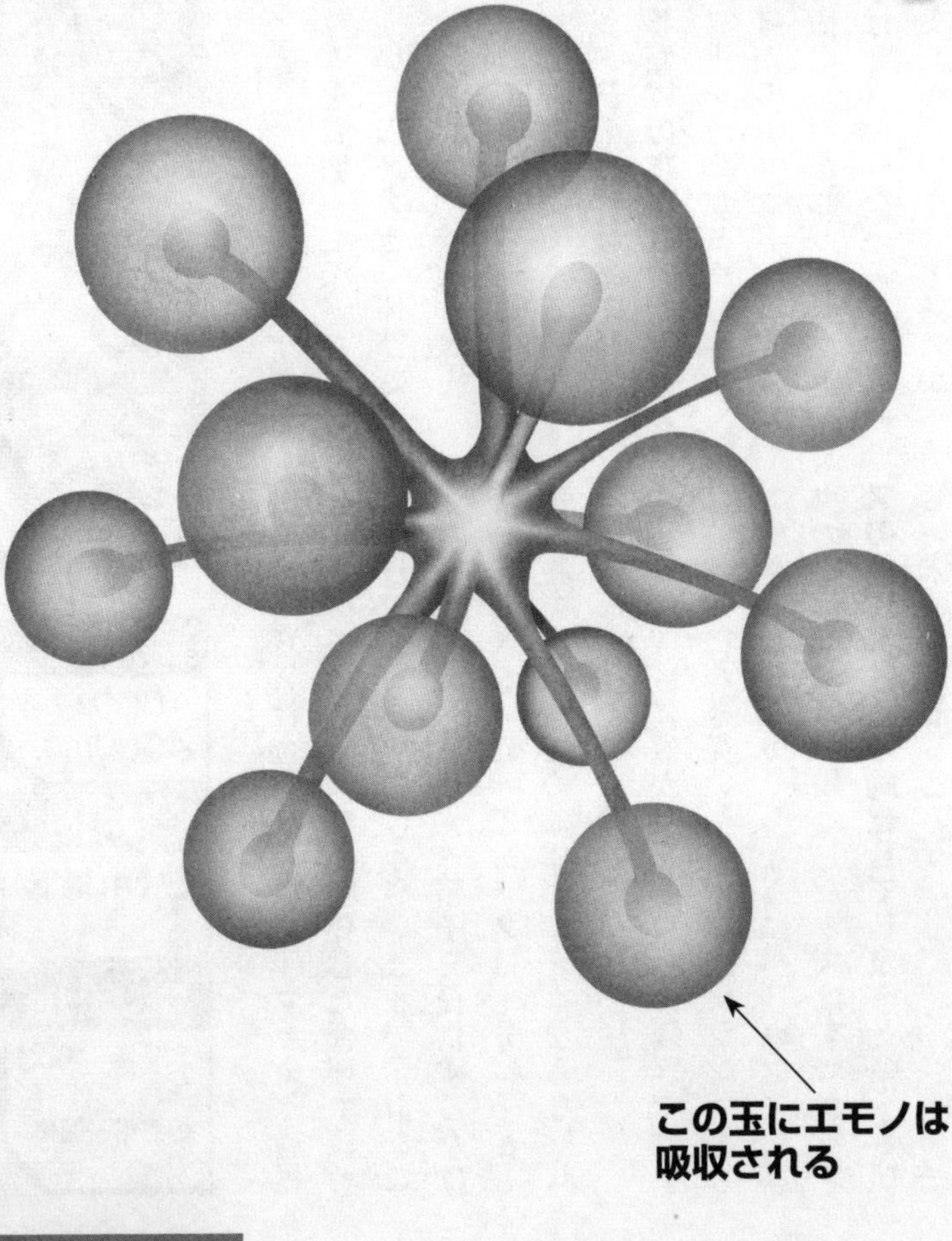

ペリカンアンコウのオス

ただただメスに仕える「精子製造マシン」

深度
1000～4000m

体長
数cm以下

生息地
太平洋、大西洋、インド洋の熱帯～温帯水域

いかにもチョウチンアンコウの仲間らしく、イカツイ顔とイリシウムを装備して深海をさまよっている。上を向いた口と大きく伸びる胃によって、自分の2倍もある魚を食べてしまう。

しかし、これはすべてメスの話である。オスはとても小さくて、**メスのわき腹あたりにしがみついて寄生するだけの存在なのだ。**

メスに寄生するオスというのは、ペリカンアンコウに限らず、ほかのチョウチンアンコウ類にも見られる特徴だ（ただし、チョウチンアンコウそのものはそうではない）。

すなわちそういう魚たちは、オス・メスが出会って意気投合して子孫を残すという過程を、すべてはしょって簡略化した合理主義者なわけである。オスは小さいままで余計なことはせずにメスに仕えて精子を提供するだけでいいじゃないか、でもメスは十分に子どもに栄養を与えるために体が大きくならなければいけない、という感じだ。

オスは、尻に敷かれるどころの騒ぎではなく、メスにつき従い「精子製造マシン」として生きるしかない。ちなみにペリカンアンコウの場合、役目を果たしたオスは**すっかりメスの体に溶け込み同化してしまう**というさびしい末路をたどるという。

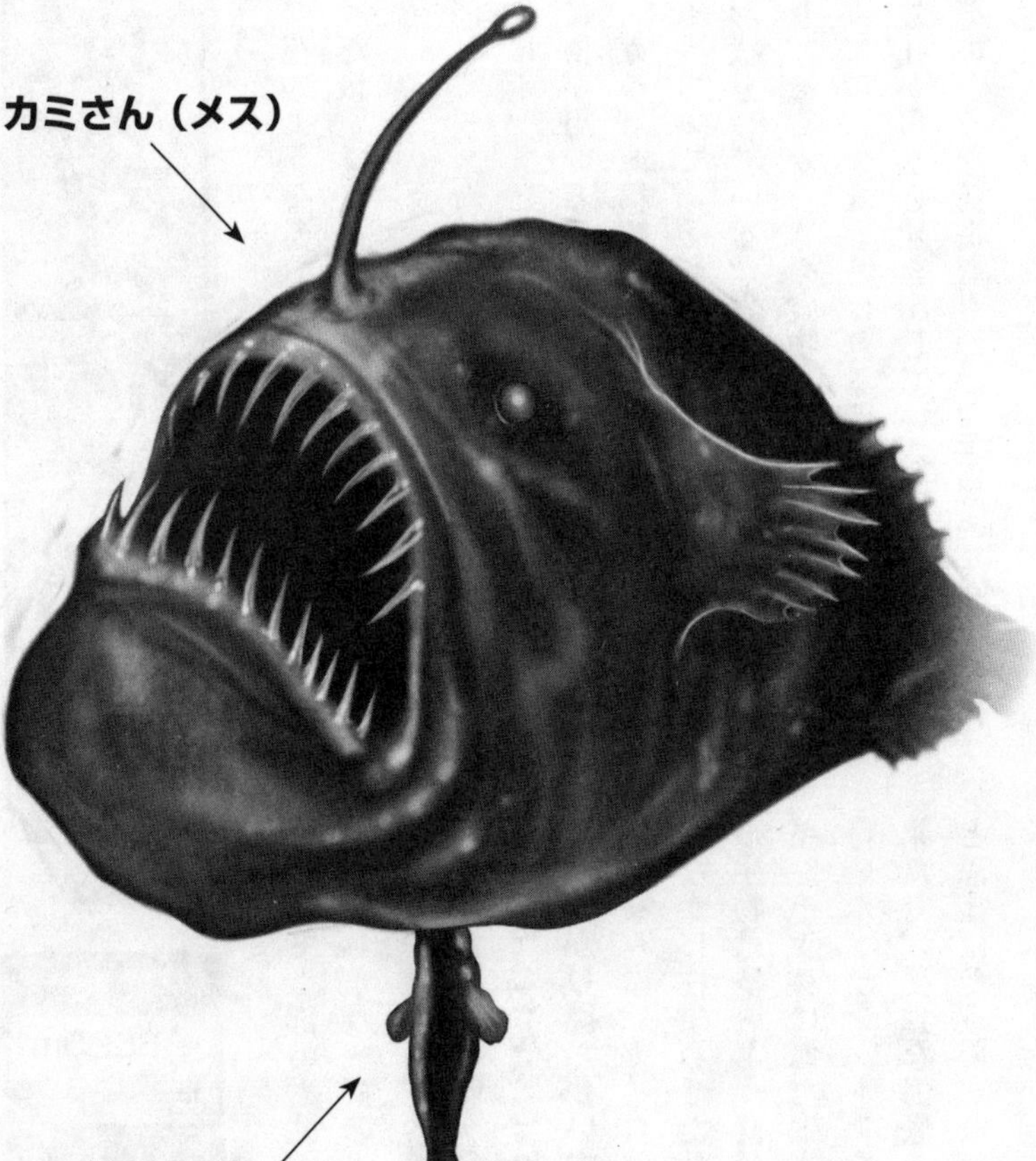

「うちのカミさんは
天下一怖くてね……」

ホッスガイ

ガラス状の「茎」をもつ巨大な「花」

花のような姿で深海の砂地などに突き刺さった状態で生きている。ホッスガイといっても、カイの類ではなく、カイロウドウケツと同じガラス海綿類に属する生物である。ちなみにホッスとは「払子」で、仏教の法要の際に僧が用いる法具のこと。

ガラス海綿類は一般に、ケイ酸質の骨格をもっていて、それはガラス繊維の筒のような形状をしている。表面には小さな孔が多数あり、そこから水や食物を取り入れる。また上部には、大孔と呼ばれる開口部があって、その孔から水を吐き出している。ホッスガイもそのような構造をもつが、下部の茎状部分にくらべて上部の大孔が大きく広がっているため、チューリップのように見える。ただホッスガイはとてもデカく、大きいものはなんと1mにもなるというのだから、実際間近で見て、**「あ、こんなところにチューリップが！」とうっかり勘ちがいする心配はなさそうだ。**

ちなみに、カイロウドウケツのようにエビをなかに住まわせたりはしないが、寄ってくる生物は多いようだ。スナギンチャク（イソギンチャクに似た生物）が付着したり、体に付いたプランクトンをブドウエビが拝借しに来たり、孤独な海底ライフを送っているのかと思えばそうでもないようである。

深度	～6000m程度
体長	長いものは1mを超える
生息地	相模湾

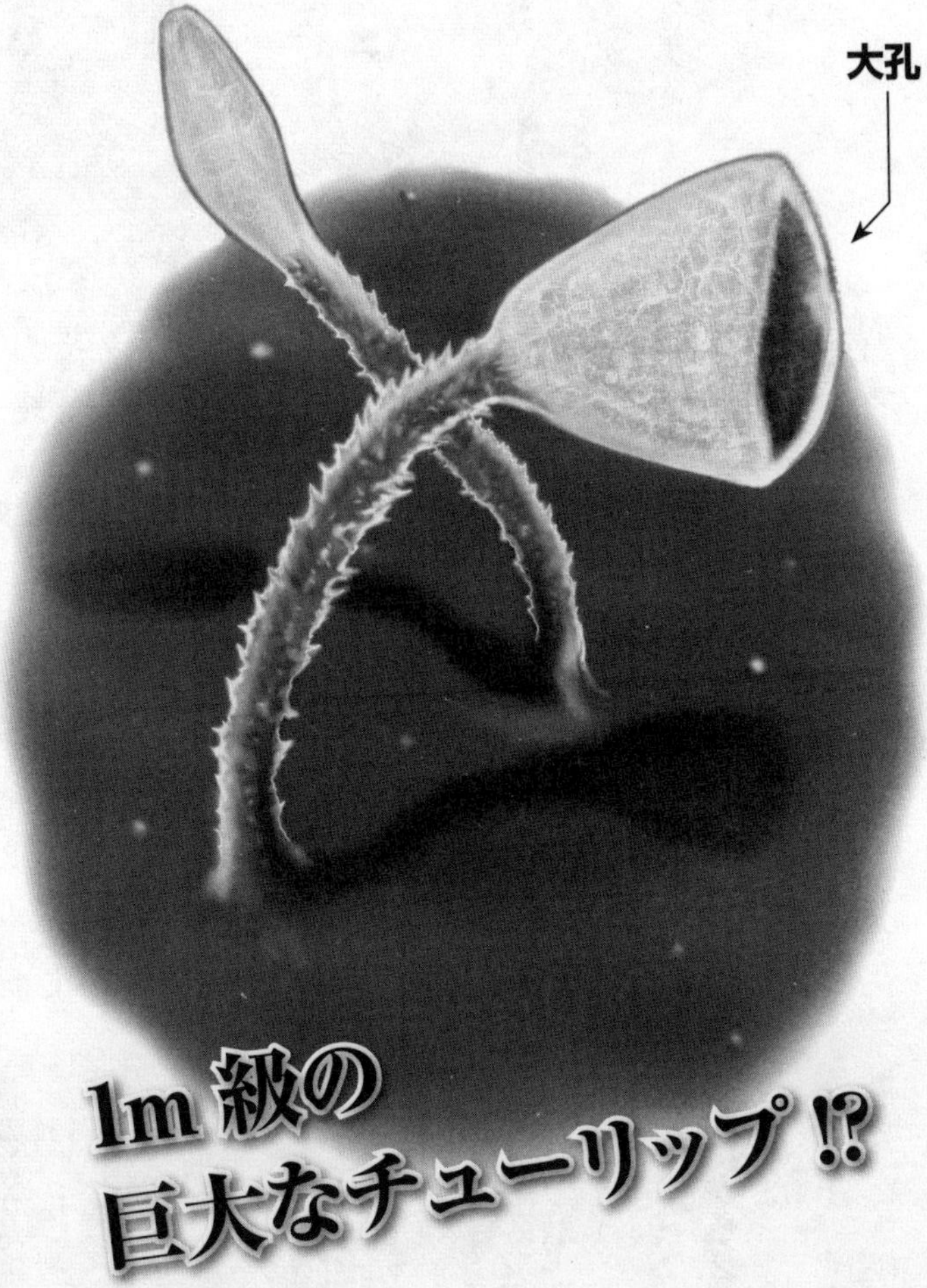

1m級の
巨大なチューリップ⁉

オトヒメノハナガサ

深海にひとり立ちつくす巨大な「花笠」

「もっとそばにいらして……?」

一見、ウミユリと同じく花のような風貌をしているが、やはり花ではない。オトヒメノハナガサは、ヒドロ虫の仲間でイソギンチャクの近縁である。

一般にヒドロ虫の多くは、群体を作って、集団で生きるが、オトヒメノハナガサは茎のような体の一部を海底に埋め込んで、深海でひとり立っているという稀有《けう》な存在である。水深数百m〜数千mに至る深さまで存在する。触手を笠（傘）のように広げている姿はまさに花のようであるが、じつは、触手にかかる小さな生物を静かに狙っているのだ。

そしておどろくべきは、その大きさである。なんと**大きいものでは高さ1mから2mにもなり、人間とそう変わらない**のだ。

しかし、それだけ大きいからこそ、その姿から「乙姫の花笠」という想像がなされたのだろう。

ギボシムシ

海底できれいなフンを「巻き」散らす

「これぞ、芸術よ……」

　ミミズのような風貌だが、ギボシムシは半《はん》索《さく》動物というグループに属し、じつは人間などのセキツイ動物と近縁であるというからおどろきだ。セキツイ動物などがもつ「脊索《せきさく》」（体の軸を支える棒状のもの）に似た構造を、ギボシムシももっているのだ。

　とはいえ、見た目どおりとても原始的な生物で、ナマコなどと同じく海底をはって泥から有機物を吸い取って生きている。

　ギボシムシが特徴的なのは、そのフンだ。砂・泥ごと口から入れて、有機物だけを吸収して排出すると、なんとほとんどきれいな砂のみとなったフンが出てくるという。それを、まるで地面に文字を描くようにクルクル巻いた細長い形にして残していく。自分が食べた泥を再度食べないようにする工夫らしいが、**きれい好きなのか、そうでないのか、判断の難しいヤツ**である。

クマナマコ

ナマコの別の進化系。クマは関係なし

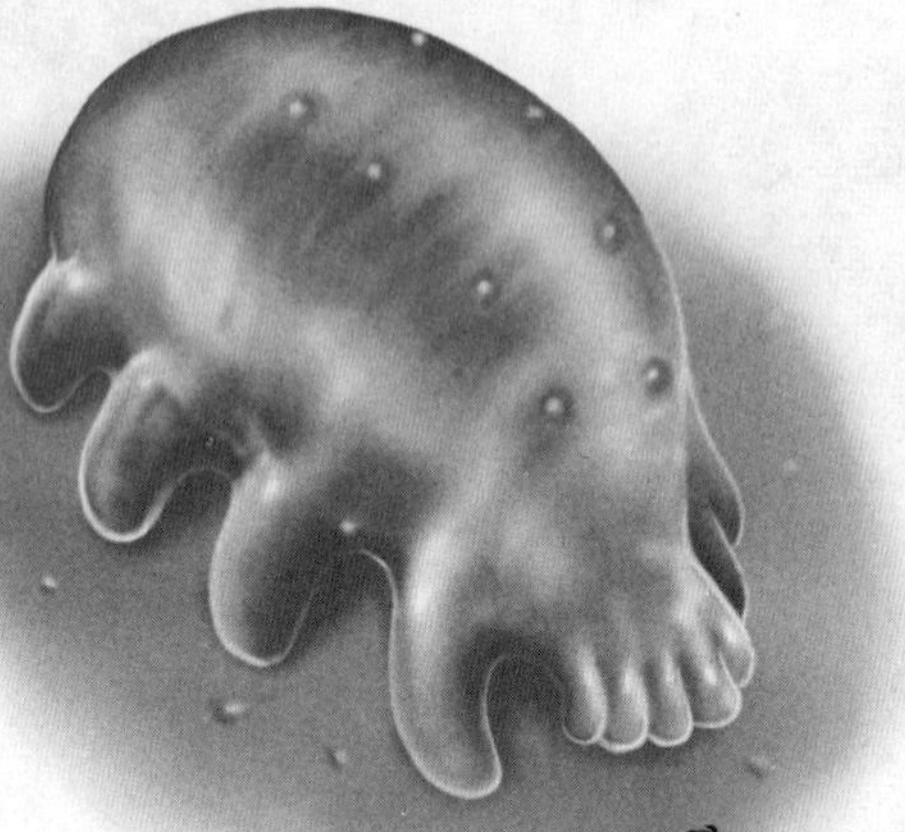

「キバがあれば、強くなれるのに……」

4本足で歩く陸上動物のような姿で海底にへばりつき、ひたすら泥をなめる姿は、一瞬センジュナマコと見まちがえそうだが、背中にある突起がセンジュナマコにくらべてずっと小さい。

一般にナマコは体のほとんどが水であるが、**クマナマコもわずかな内臓と外皮以外はほぼ水でできている**。そのため、網などで大量に採集すると、たがいに重なり合って中身の水が抜けてぺちゃりとつぶれてしまう。また、外皮は比較的硬くしっかりとしているが、それは細かな骨がたくさんあるためだ。クマナマコは、センジュナマコが姿を消す深度6500m以降で急激に現われ始める。

また、日本海溝と千島海溝のみに生息する種であるという。別の海域には少し形のちがった種がいるらしく、深度や生活環境によるナマコの進化の多様性をうかがわせる。

ヒカリボヤにしがみつく、深海の「ヒモ」

サガミウキエビ

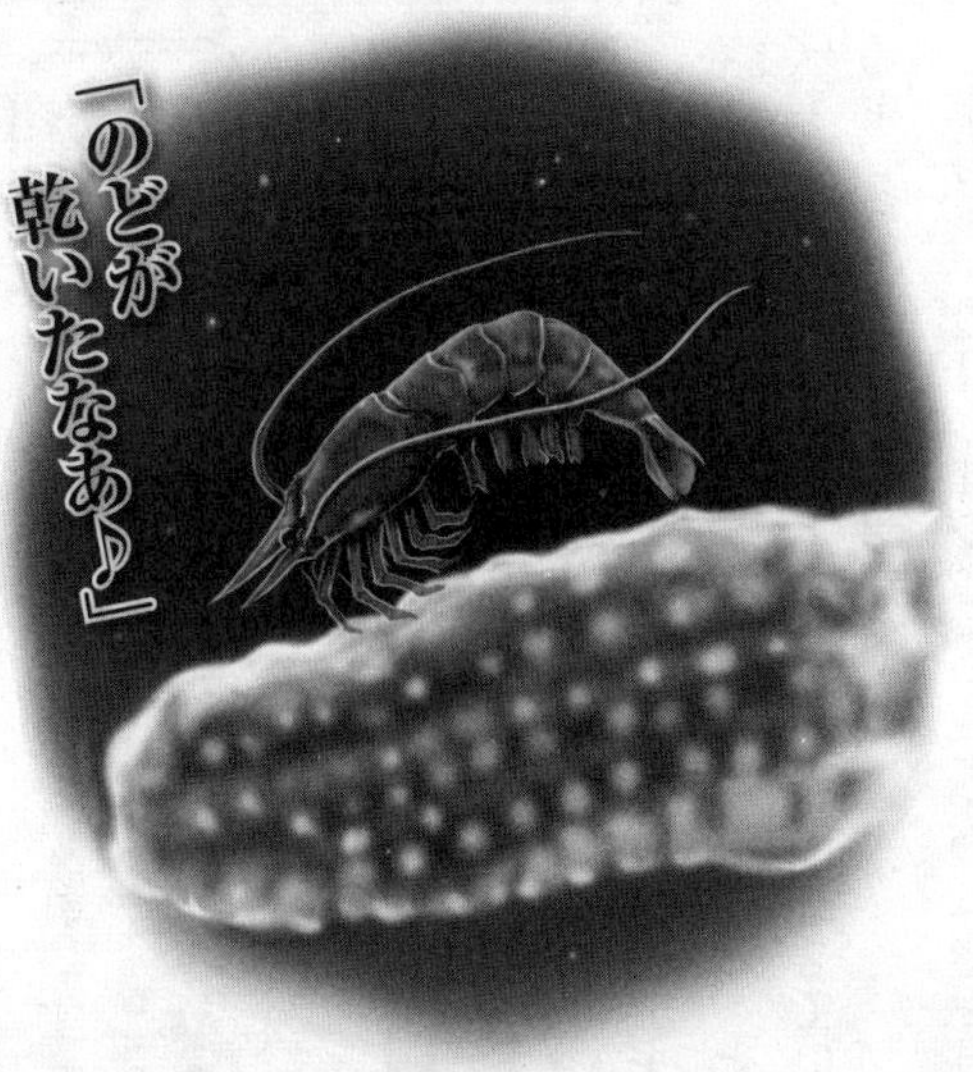

深海の生物がはいつくばる場所は、なにも海底の地面だけではない。このサガミウキエビは、深海の奈落の底へと落ちてしまわないように、ヒカリボヤの体にしがみつきながら生きているのだ。ヒカリボヤは、強く発光するのが特徴の、透明な筒型の体をしたホヤの仲間である。

サガミウキエビは、自分自身の力では浮遊するのが難しいのだろうか、ヒカリボヤの体の上をはいながら、落ちないように毎日必死だ。でもそれでは食料が確保できないのでは？と心配になるが、サガミウキエビはその辺、用意周到である。

なんと**しがみつかせてもらっているヒカリボヤの体液を吸いながら生きている**らしいのだ。まったくなにからなにまでをヒカリボヤに頼る、深海のヒモ君なのであった。

厳しい環境でも工夫をすれば生き抜ける！
かしこい深海生物ランキング5

硫化鉄を使ったり、家を建てたり

生活環境の厳しい深海で生き抜くために、深海の生物はそれぞれ、できうる限りの工夫をしてがんばって生きている。ここでは、とくに個性的な工夫をして、かしこく生きているヤツらをまとめて紹介する。

まず、スケーリーフット。こいつは巻き貝だが、殻から出たウロコ状の足先を、防御のために硫化鉄でコーティングしているというのがすごい。進化の過程でどうも最近こういう姿になったようだが、いまのところ硫化鉄を体の構成成分としているのは、あらゆる生物のなかでスケーリーフットだけだというのだから、なんとも独創的といえるだろう。

次にオタマボヤ。自分で家を作ってしまうというのが斬新だ。この家は、エサを集める役割も果たしている。オタマボヤはこのなかで尾を振って水流をつくり、エサとなる小さな有機物を家に集めるのである。

他人に頼って安定生活を送る

家に暮らすということでいえば、ドウケツエビもまた独特な生活様式を確立している。カイロウドウケツという海綿のなかで、一生つがいで生活するのだ。そこからけっして出

Column

NAME	COMMENT
1. スケーリーフット	硫化鉄で足を守るという独創性に脱帽！　→ 114 ページ
2. オタマボヤ	家を作ってそこにエサを集める堅実生活がすごい　→ 178 ページ
3. ドウケツエビ	他人の体のなかに住み込む厚かましさとかしこさ　→ 108 ページ
4. シロウリガイ	体内に食糧供給システムができればそれで OK　→ 208 ページ
5. サガミウキエビ	ほかの生物の「ヒモ」となって一生過ごす、生き上手　→ 205 ページ

られないものの、外敵の心配も食料の心配も一生ない。そんな夫婦水いらずの空間を確保できるというのは、やはり深海生物にとっては幸せだろう。しかし、まれに、まちがって3匹のドウケツエビが同居することになってしまうこともあるらしく、そうなったら彼らの人生ならぬ「エビ生」は嫉妬と略奪愛で満たされそうだ。だが、彼らのような知恵者が過ちを犯すのもまた世のつねである。

あと、シロウリガイのようにバクテリアを体内に飼って、そのバクテリアが作る有機物を吸収して生きるというのもかしこい処世術であろう。

深海が生きづらい環境であることは確かであるが、これらの生物のたくましく独創的な生き様を見ると、結構どこでもなんとか生きられるもんだなと元気をもらえる。ということで、そんな彼らがランクイン！

208 シロウリガイ

バクテリアと共同生活する大型の二枚貝

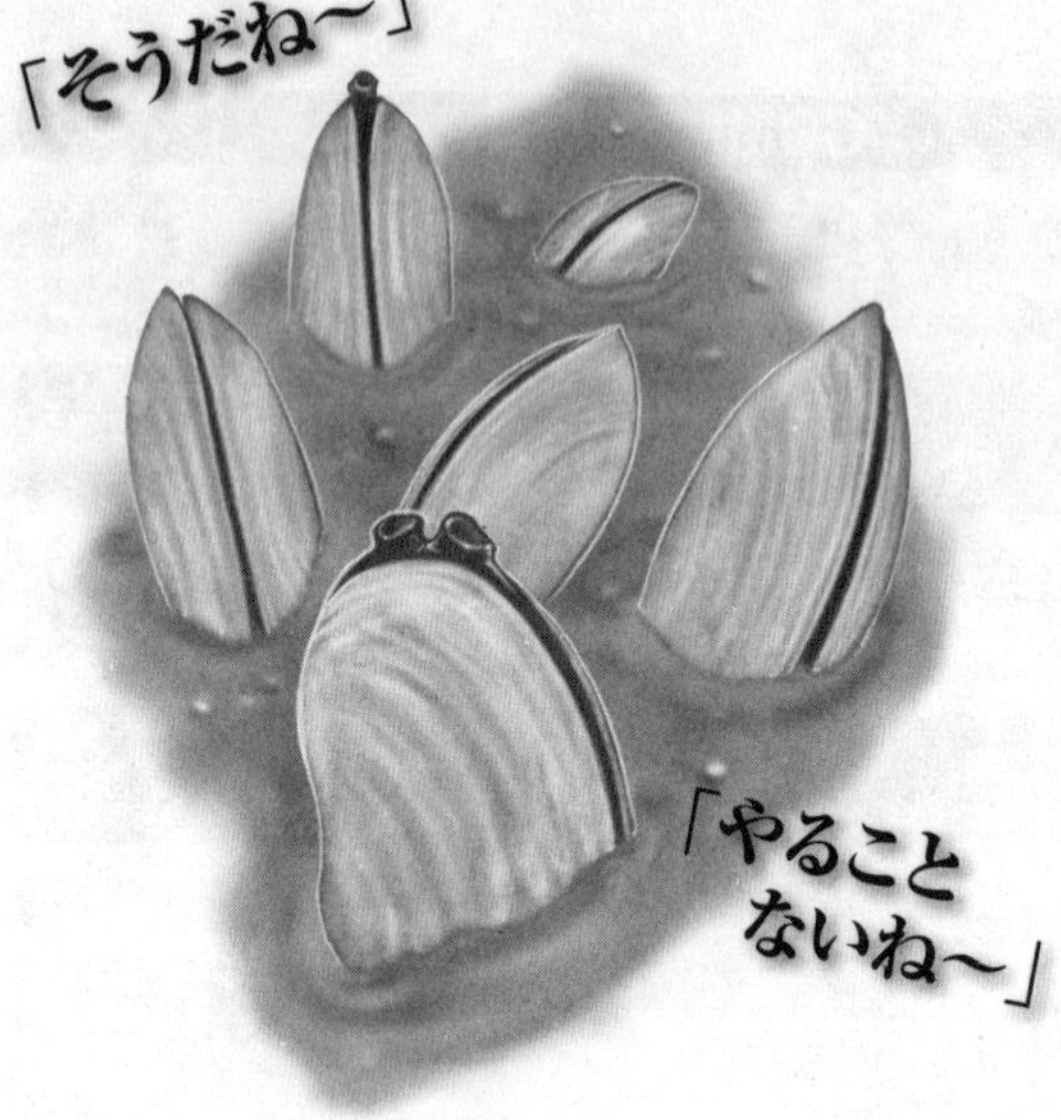

シロウリガイは、深海ではめずらしい大型の二枚貝で、ガラパゴスハオリムシと同様、体内に硫黄酸化細菌というバクテリアを飼いつつ海の底で生きている。シロウリガイは、バクテリアが必要な硫化水素を供給し、バクテリアはシロウリガイに自分が分泌した有機物を分けてあげる、というたがいにうれしい共同生活なのである。

シロウリガイが、ガラパゴスハオリムシととくにちがうのは硫化水素の集め方だ。マグマや熱水がふき出す場所よりも、むしろメタンを含んだ水が湧《わ》き出る「メタン湧水域」に多くいる。その地面に穴を掘って足を差し込めば、体内に硫化水素が入ってくる。地面の奥では、海水中の硫酸イオンとメタンが反応して硫化水素ができているのだ。

そうしてこのカイは**あれよあれよというまに30cmにまで成長する**のだ。

ススキハダカ

ウロコもガサガサ、皮膚が弱い深海魚

「敏感肌用の保湿クリーム、もってない？」

「須々木君」という人物が裸なのではもちろんないが、そのイメージはあながちはずれてもいない。ススキハダカは、ハダカイワシの仲間であるが、この仲間は皮膚が弱くて簡単にウロコがとれてしまうために、「ハダカ」と命名されたのだ。

ススキハダカも写真などで見るとかわいそうなほど皮膚が剥がれた状態で写っていたりする。まるで**着の身着のまま戦場から逃げてきた子どものようで哀れ**だが、それでもなんとか海深くで生き抜いている。

ちなみにススキハダカは、日周鉛直《えんちょく》運動をすることで知られる。昼間は深度300mあたりまでの深海にいるが、夜になると海面に上ってくるのだ。これは、夜間に、エサの豊富な海面でプランクトンなどを食べにくるのだと考えられている。日中はやはりハダカでウロウロしたくないのかもしれない。

ソコエソ

ソコに寝そべって、ひたすら恵みを待つ

その名のとおり、海の底に寝そべった状態で、自ら狩りにいくことをせず、**なにかが向こうからやってくるのをひたすら待って暮らしている**。

ヒメ目に属するので、ヒレを三脚のようにして立つナガヅエエソや、目を発達させたボウエンギョなどと比較的近い仲間である。が、ソコエソには三脚はないし、目は発達どころか退化していて、レンズがないか、とても小さいかのどちらかだ。

そんなソコエソが頼れるのは大きな口しかない。口裂け女よろしく横まで大きく伸びた口を開き、海流の流れに乗って近くを通過する小さな甲殻類などを食べているようだ。

同種との出会いもひんぱんにはないため、雌雄同体で、どの個体同士でも子孫が残せるようになっている。

なんとも孤独な深海魚である。

ソコボウズ

死肉を求めて海底深くをさまよう巨大魚

ソコボウズは、深度800～4200mぐらいの広い範囲で生活する。体長は1mにも達し、このあたりの水深では最も大きな肉食魚である。名前は、つるりとした白い頭と、まさに海の「底」近くにいることからついたのだろうか。

単純なネーミングのようだが、よく見ると、**顔も生真面目な和尚さんのようでもあるし、**なかなか的を射ているかもしれない。

さて、エサの乏しい海の底で2mの巨体を維持するのはさぞかし大変なんじゃないかと考えられる。が、いやいやデカいからこそ、広範囲にわたってエサを探しに出かけられるし、栄養のたくわえもしやすいのだ、という説もあるので、それはなんともいえないところ。いずれにしても、ソコボウズは上から落ちてくる死肉を探してさまよい続け、海の底でなんとか生きているわけである。

212

ニチリンヒトデ

出会ったものをすべて食い尽くす、海の要塞

「大きくなりすぎって
自覚はあります」

ヒトデといえば触手5本の星型が一般的だが、ニチリンヒトデはそれがやたらと多い。8～10本ぐらいまでのものが多いようだが、なんと24本も触手をもつものまで見つかっているという。

そうなると触手間の隙間は狭くなり、星型ではなくほとんど円盤のようになる。しかもその直径は1mにもなるものまでいるというので、海底にへばりつく姿は大きなマンホールのフタ、いや、**小さな深海生物にとっては巨大な要塞のようにも見える**だろう。

さらに、それが毎分3mほどの速さで動きながら、道行く先で静かに暮らすナマコ、貝、ウニ、そして身内のはずのヒトデすらも、次々に食ってしまうというのだから、襲われる側からしたら悪魔のような存在である。身内のヒトデすらも食べちゃうとは、なんとも無慈悲なヒトデナシ、なのかもしれない。

まさに「足が資本」の海底住人

ベニオオウミグモ

ウミグモの仲間。全長30㎝にも及ぶ細身の体は、そのほとんどが足である。さぞかしあの中央部分に、すべての機能が詰まっているのだろうと思いきや、内臓の一部まで足のなかにあるというから、たまげたものだ。

そんな多機能な長い足を使って、海底を闊《かっ》歩《ぽ》する。この足をいかした高い機動力によって、なにかを追いかけたりするのかといえばそうではない。狙うエモノは、イソギンチャクのような逃げることのできない柔らかい生物。そして**エモノの体にストローのような口を差し込んで、体組織を吸い取る**という。

泳ごうとする姿も目撃されているが、この体は明らかに水泳向きではない。適当に足をクルクルさせてただよう様子は溺れる子どもみたいで、「はじめてのプール」などと題名がつきそうだが、なぜ海中を浮遊するのかその行動の理由ははっきりしない。

ヤセソコイワシ

ウロコなし、骨もスカスカ、でもへーき

ビー玉のような大きな目をもったこのヤセソコイワシは**なんと7000mを超える深さでも生息する**という。

食料に乏しくエネルギー確保の難しい深海に適応するためには工夫が必要だ。だから、体作りはできるだけ少ないエネルギーでやろうと、ウロコはなしで、骨も「省カルシウム」のために軽めに仕上げたようだ。

また多くの魚が水中で浮くために使う浮き袋も、その勢いでカットしたのか、ヤセソコイワシはそんなものはもたずに、皮膚の下に水より軽いゼラチン質の層をもつことで対応している。軽い骨格も、水中浮遊のために役だっていると思われる。

いずれにしても、非常に原始的な魚といわれるが、そうやって深海に適応しているのだ。もしかすると、きれいな目だけが唯一の贅沢《ぜいたく》なのかもしれない。

多くの足とウロコをもつゴカイの仲間
ヨミノフタツノウロコムシ

「これはツノじゃなくて
シッポなんだぜ！」

ゴカイの仲間でウロコムシ類のなかに分類されるのがこのヨミノフタツノウロコムシ。ゴカイというと一般には、ミミズのように細長くて多数の節がある体がイメージされるが、このヨミノフタツノウロコムシは体が太くて短く、しかもウロコで体がおおわれているという、極めて異色な連中だ。大きさは5～10㎝程度である。

ムカデのようにたくさんある足を使って普段は海の底を歩いて暮らしているが、泳ぐこともできる。

ふたつの大きな「ツノ」のようなものを備えているが、じつはこっちが後ろ側なのである。つまり、ヒゲのようなものが何本か出ているのを前にして、ツノを引っ張って歩くような形になる。

が、いったいこのツノをどのように使うのかはまだわかっていない。

食べておいしい深海生物ランキング5

ゲテモノか、美味か？　深海魚を食べよう！

煮物、焼き物、ナマでも、イケる

深海魚といえば、奇妙な外見やびっくり生態に目が奪われがちで、食べるというと、なんだかゲテモノ食いのイメージが先行しそうだが、案外ウマいヤツらも多いのである。

メジャーどころでいえば、キンメダイやギンダラ、キアンコウなどだろうか。最初のふたつは、煮る、焼く、刺身、なんでもこいだし、キアンコウも、アンコウ鍋やアンキモとなり、魚好きを唸《うな》らせる食材だ。

伊豆半島の西側、駿河《するが》湾の駿河トラフ（海底の盆地）では深海魚が多く獲られるため、西伊豆では深海魚の寿司が食べられる。ここではよりマイナーな深海魚、たとえば鼻の突き出た長細い顔のトウジンも登場。見た目のグロテスクさに目をつぶり、食べてみると淡白で上品なうまさがあるという。

「才『食』兼備」は難しい？

ランキングには、本書に登場した生物から選んでみた。

皮膚がゼラチン質のゲンギョは、漁村では昔から汁として食べられていたが、最近では「幻魚」などといい具合な漢字をあてられて（もとは「下魚」がなまったものだったとか）、

Column

NAME	COMMENT
1. キアンコウ	アンキモは「海のフォアグラ」 → 182 ページ
2. ゲンゲ	汁のみならず、昆布巻き、天ぷらにしてもイケる → 164 ページ
3. ホタルイカ	おいしい佃煮や刺身になる → 168 ページ
4. センジュエビ	「食べられる観音様」といっては不謹慎か…… → 118 ページ
5. ダーリア イソギンチャク	ダリアの花のようなこの生物は、味噌和えで → 166 ページ

一般市場へも少しずつ広がり出し、メジャーデビューを目論《もくろ》んでいるようだ。また、千手観音風な手をもつセンジュエビも、捕獲される土地の漁師は味噌汁に入れて食べるという。このように、一般には知られていなくとも食べる人は食べる、という深海魚も多いようである。

ただ、本書では「グロい、すごい、美しい」ものを選んで紹介しているため、「うまい!」を兼ね備える存在はそれほど多くない気もする。やはり深海魚にとっても「才『食』兼備」は容易ではないことをしみじみと感じさせる結果である。そのなかで、キアンコウの「隠れ身の術」とおいしさの兼備《けんび》を褒め称えたい。

だが、まだまだ知られざる無数の種がいる深海だ。これからどんな美味なヤツが登場しないとも限らない。

索引

ア行

カ行

サ行

参考文献

『知りたい！ サイエンス クラゲのふしぎ――海を漂う奇妙な生態』ジェーフィッシュ 著、久保田信、上野俊士郎 監修（技術評論社）
『ウニの赤ちゃんにはとげがない』葛西奈津子 著、松橋正一 コラム（恒星出版）
『深海生物の謎』北村雄一 著（サイエンス・アイ新書）
『しんかいの奇妙ないきもの』太田秀 著（G.B.）
『図解雑学 魚の不思議』松浦啓一 監修（ナツメ社）
『深海の不思議』瀧澤美奈子 著（日本実業出版社）
『深海生物ファイル――あなたの知らない暗黒世界の住人たち』北村雄一 著、海洋研究開発機構 協力（ネコ・パブリッシング）
『クラゲガイドブック』並河洋 著、楚山勇 写真（阪急コミュニケーションズ）
『イカ・タコガイドブック』土屋光太郎 著、山本典暎、阿部秀樹 写真（阪急コミュニケーションズ）
『へんないきもの』早川いくを 著（バジリコ）
『またまたへんないきもの』早川いくを 著（バジリコ）
『深海生物大図鑑――暗黒の世界を探検しよう』長沼毅 監修（PHP研究所）
『深海』クレール・ヌヴィアン 著（晋遊舎）
『深海魚摩訶ふしぎ図鑑』北村雄一 著（保育社）

ほか、多数の書籍およびWebサイトを参考としています。

深海の生きもの衝撃ファイル

2009年5月25日　第1刷発行
2021年5月27日　第3刷発行

編著者／クリエイティブ・スイート

発行人／蓮見清一

発行所／株式会社 宝島社

〒102-8388 東京都千代田区一番町25番地

電話：営業 03-3234-4621　編集 03-3239-0928

https://tkj.jp

郵便振替：00170-1-170829 ㈱宝島社

印刷製本／株式会社廣済堂

ISBN 978-4-7966-6940-5